Institut für Technische Chemie
Lehrstuhl für Makromolekulare Stoffe
Technische Universität München

Mikrokapseln als polymere Bindersysteme für die Formgebung von keramischen Werkstoffen über Schlickerguß

Susanne Radlewitz

Vollständiger Abdruck der von der Fakultät für Chemie, Biologie und Geowissenschaften der Technischen Universität München zur Erlangung des akademischen Grades eines

Doktors der Naturwissenschaften

genehmigten Dissertation.

Vorsitzender: Univ.-Prof. Dr. E. Born

Prüfer der Dissertation:

1. Univ.-Prof. Dr. O. Nuyken
2. Univ.-Prof. Dr. W. Hiller

Die Dissertation wurde am 20. Januar 1999 bei der Technischen Universität München eingereicht und durch die Fakultät für Chemie, Biologie und Geowissenschaften am 4. März 1999 angenommen.

Die vorliegende Arbeit entstand in der Zeit von Oktober 1995 bis Februar 1999 am Lehrstuhl für Makromolekulare Stoffe im Institut für Technische Chemie der Technischen Universität München, unter der Leitung von Prof. Dr.-Ing. O. Nuyken.

Mein besonderer Dank gilt Herrn Prof. Dr.-Ing. O. Nuyken für die Aufnahme in seinen Arbeitskreis, die gewährte Freizügigkeit bei der Bearbeitung einer interessanten Themenstellung und für wertvolle Unterstützung und Ratschläge.

Ebenfalls sehr herzlich bedanke ich mich bei Frau Dr.-Ing. H. Samarian für ihr unermüdliches Engagement, ohne das ein reibungsloser Lehrstuhlbetrieb undenkbar wäre. Ihr bewundernswerter Einsatz bei der Bewältigung aller anstehenden Probleme und ihre tatkräftige Unterstützung, besonders bei der Korrektur dieses Manusskripts, haben zum Erfolg der Arbeit beigetragen.

Herrn J. Lehmann, Herrn W. Rieß und Frau Dr. B. Lundt danke ich für ihre hilfreiche Unterstützung bei der Durchführung der Messungen am Institut für Materialforschung der Universität Bayreuth.

Meinen ehemaligen und derzeitigen Laborkollegen, Andreas Baindl, Thomas Frasch, Thomas Huber, Peter Persigehl und Dirk Schmaljohann danke ich herzlich für die sehr angenehme Arbeitsatmosphäre, die durch Hilfsbereitschaft und freundschaftlichen Zusammenhalt zustande kam. Besonders möchte ich mich bei meiner Freundin Tanja Marx bedanken, für die Begleitung durch alle Höhen und Tiefen des Studiums und der Promotion.

Allen Mitgliedern des Arbeitskreises sei für die vielen Hilfestellungen bei den analytischen Untersuchungen und v.a. für das hohe Maß an Kollegialität und Freundlichkeit am Lehrstuhl gedankt. Ebenso herzlich danke ich meinen Gefährten von der NMR-Crew.

Herrn Dr. S. Jörns danke ich für die Unterstützung bei der Aufnahme der Lichtmikroskopaufnahmen, Herrn T. Kratzmüller danke ich für die REM-Aufnahmen am IPF Dresden e. V..

Susanne Radlewitz

Mikrokapseln als polymere Bindersysteme für die Formgebung von keramischen Werkstoffen über Schlickerguß

2., unveränderte Auflage

Herbert Utz Verlag · München

Chemie

Zugl.: Diss., 1999

Bibliografische Information der Deutschen Nationalbibliothek:
Die Deutsche Nationalbibliothek verzeichnet diese Publikation in der Deutschen Nationalbibliografie; detaillierte bibliografische Daten sind im Internet über http://dnb.d-nb.de abrufbar.

frühere Ausgabe: ISBN 978-3-89675-518-6

ISBN 978-3-8316-8098-6

Printed in EU
Herbert Utz Verlag GmbH, München
www.utzverlag.de

Meinen Eltern und Stefan

1 Allgemeiner Teil

1.1 Einleitung

Der Begriff Mikroverkapselung wurde erstmals von GREEN und SCHLEICHER [1] im Jahre 1953 im Rahmen einer Arbeit über die Verkapselung fein emulgierter Öltröpfchen mit Gelatine durch Koazervation verwendet.
Seit diesem ersten Verkapselungsverfahren hat die weitere Entwicklung zu einer fast unüberschaubaren Fülle von neuen Verfahren und Anwendungen geführt. V.a. die pharmazeutische Industrie hat auf dem Gebiet der Mikrokapseln Pionierarbeit geleistet. Gelatinekapseln stellen z.B. eine elegante und weitverbreitete pharmazeutische Darreichungsform dar, mit deren Hilfe Wirkstoffe angenehm, weitgehend komplikationslos und sicher appliziert werden können.

Seit einiger Zeit beschäftigt sich die Forschung u.a. mit der Synthese von Mikrokapseln, die Azogruppen als thermolabile bzw. photolabile Komponente in der Hüllwand enthalten und für den Thermotransferdruck eingesetzt werden können [2-10]. Mit Hilfe dieser Sollbruchstellen gelingt eine gezielte Freisetzung des Kapselinhaltes. Der Temperaturbereich bzw. die benötigte Wellenlänge des Lichts hängen dabei stark von den azohaltigen Komponenten in der Kapselhüllwand ab.
Solche Systeme eignen sich auch zur Entwicklung von mikroverkapselten Bindersystemen für Hochleistungskeramiken. Hier werden die Verfahrensweisen von pulverkeramischer Herstellung mit der makromolekularen Chemie verknüpft.

Im Bereich der Gebrauchs- und Sanitärkeramik, also bei Gegenständen der täglichen Verwendung stellen tonmineralische Produkte die bedeutendste Grundstoffart dar. Ihre Rohstoffe, wie z.B. silikatische Mineralien und Tone stehen in natürlichen Vorkommen zur Verfügung. Auch bei den Ingenieurwerkstoffen, die für technische Anwendungen gezielt entwickelt werden, sind die keramischen Materialien heute eine Alternative zu bekannten Werkstoffen wie Metall oder Kunststoff, da sie sich durch besonders hohe thermische, tribologische und korrosive Belastbarkeit auszeichnen. Bei der Herstellung dieser technischen Keramiken finden allerdings keine natürlichen Grundstoffe Verwendung, sondern synthetisch hergestellte feine und hochreine Pulver wie z.B. Aluminiumoxid. Zu den zahlreichen Anwendungsgebieten gehören u.a. die Medizin (z.B. Gelenkimplantate, Dentalimplantate), die Automobilindustrie (z.B. Zylinder, Kolben), die chemische Verfahrenstechnik (z.B. Membranen, Filter, Füllkörper) und auch Werkzeuge [11, 12]. Der Übergang von natürlichen zu synthetischen Edukten hat zur Folge, daß stabile bildsame oder gießfähige Pulvergemenge nur durch die Zugabe von organischen Hilfsstoffen erhalten werden können. Dabei kommt neben dispergierenden, stabi-

lisierenden und verflüssigenden Zusatzstoffen der Binderkomponente besondere Bedeutung zu.
Für ein technisch einsetzbares Formgebungsverfahren muß die Verarbeitung pulverförmiger Rohstoffe zu keramischen Formteilen unter Berücksichtigung umweltrelevanter Einschränkungen und des Kostenaspekts erfolgen. Diese Anforderungen können nur durch die Verwendung der erwähnten chemischen Zusatzstoffe erfüllt werden, die allerdings vor dem eigentlichen Sinterprozeß wieder rückstandfrei eliminiert werden müssen.
Insbesondere für technische Keramiken empfiehlt es sich, die gesinterten Teile bereits in ihrer Endform bzw. endkonturennah zu erhalten. Dadurch kann eine, wegen der Härte der Werkstoffe, aufwendige und kostenintensive Nachbearbeitung mit den üblichen Diamantwerkzeugen auf ein Minimum reduziert werden. Eine Bearbeitung der nach dem Formgebungsverfahren erhaltenen Formkörper vor der thermischen Behandlung (Sintern) ist unter diesem Aspekt als vorteilhaft anzusehen, sofern es gelingt, die bislang wenig zufriedenstellenden mechanischen Eigenschaften dieser Formkörper zu verbessern. Im Detail bedeutet dies, daß z.B. eine hohe Festigkeit bei verbessertem Spannungs-Dehnungs-Verhalten erreicht werden muß, um die Gefahr der Rißbildung und Kantenausbrüche zu reduzieren.
Aus ökologischen Gesichtspunkten stehen wäßrige Systeme bei der Aufarbeitung und Formgebung von keramischen Suspensionen im Vordergrund. Aus diesem Grund werden große Anstrengungen unternommen, auch technische Keramiken durch Zusatz organischer Hilfsmittel im wäßrigen Medium verarbeiten zu können und damit den Umweltvorteil dieses Dispergiermediums auszunutzen. Die gesamte genutzte „Organik“ sollte daher in Wasser löslich oder homogen verteilbar sein, was sich stark einschränkend auf die Auswahl der verwendeten Zusätze auswirkt.

1.2 Azoverbindungen

Azoverbindungen [13, 14] werden durch folgende allgemeine Formel beschrieben:

$$X-N=N-Y$$

Durch Variation der Substituenten X und Y, die sowohl organische als auch anorganische Reste sein können, bilden die Azoverbindungen eine umfangreiche und variantenreiche Strukturklasse mit unterschiedlichen thermischen und photochemischen Eigenschaften. Die thermische Stabilität der Verbindungen hängt von der Polarisierung der N-X- bzw. N-Y-Bindung ab. Eine große Gruppe bilden Verbindungen, die als Substituenten Aryl- und Alkylgruppen tragen. Durch den Einbau von Heteroatomen werden weitere Substanzklassen wie z.B. die Triazene, Diazosulfide und Azophosphonate erschlossen, die jedoch nur erwähnt und hier nicht näher erläutert werden sollen. Abb. 1.1 gibt einen Überblick über die Strukturklassen der organischen Azoverbindungen.

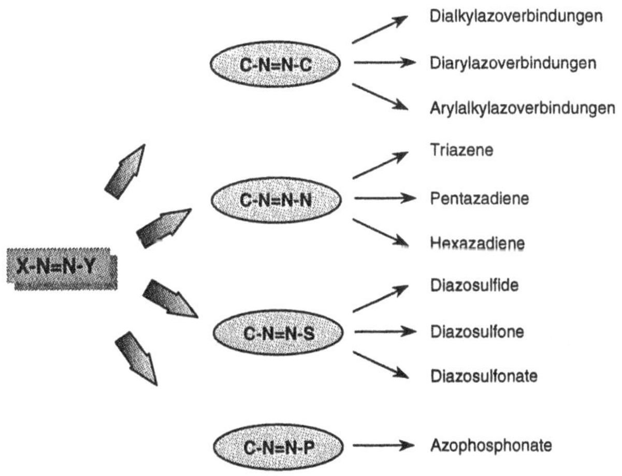

Abb. 1.1: Strukturklassen der organischen Azoverbindungen

1.2.1 Diarylazoverbindungen

Die ältesten Vertreter unter den organischen Azoverbindungen sind die Diarylazoverbindungen (X, Y = Aryl). Hier haben die Azofarbstoffe den größten Anteil [15]. Sie tragen als Substituenten aromatische oder heteroaromatische Reste. Aufgrund der Ausbildung eines großen, über die Azogruppe verbrückten π-konjugierten mesomeren Systems, vereint diese Verbindungsklasse hohe thermische und photochemische Stabilität mit sehr guten Farbeigenschaften. Diese Eigenschaften, sowie die geringen Herstellungskosten sind der Grund für die große wirtschaftliche Bedeutung dieser Farbstoffe in der Technik.

1.2.2 Dialkylazoverbindungen

Dialkylazoverbindungen (X, Y = Alkyl) zeigen in bezug auf ihre Stabilität kein einheitliches Verhalten. Sie zeichnen sich aufgrund fehlender π-Konjugation durch eine erhöhte Thermolabilität aus, die sehr stark vom Substituenten am α-Kohlenstoffatom (α-Effekt) geprägt wird. Dadurch ist die Zerfallstemperatur in einem relativ weiten Temperaturbereich steuerbar [16, 17]. Dialkylazoverbindungen bilden unter Abspaltung von Stickstoff zwei initiierende mesomeriestabilisierte Alkylradikale. Sie finden daher in der Polymerisationstechnik als Initiatoren für die radikalische Polymerisation, als Treibmittel oder als labile Bausteine in Polymerhaupt- oder Polymerseitenketten Verwendung. Als Beispiel sei hier einer der wichtigsten Initiatoren für die radikalische Polymerisation, das 2,2´-Azobis(isobutyronitril) (AIBN) [18, 19], aufgeführt (Abb. 1.2).

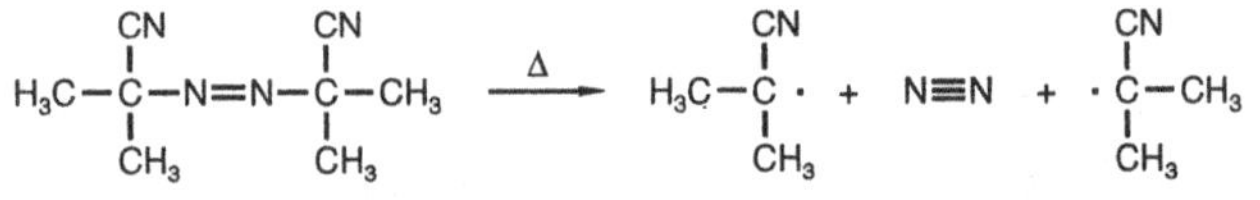

Abb. 1.2: Thermische Zersetzung von AIBN unter Bildung von Stickstoff und zwei mesomeriestabilisierten Isobutyronitrilradikalen

1.2.3 Arylalkylazoverbindungen

Arylalkylazoverbindungen (X = Alkyl, Y = Aryl) gehören zur Klasse der unsymmetrischen Azoverbindungen. Sie stellen thermisch stabile Azoverbindungen dar, die bei geeigneter Wahl der Substituenten erst oberhalb von 200 °C zerfallen. Im Vergleich zu Azofarbstoffen ist die Photolabilität der Arylalkylazoverbindungen erhöht, so daß sie mit dem von einer Hg-Xe-Hochdrucklampe emittierten UV-Licht photolytisch abbaubar sind [20, 21]. Sie finden auch in der Photoresisttechnik Anwendung, wurden aber auch bereits erfolgreich als Hüllwandmaterialien in photochemisch abbaubaren Mikrokapseln eingesetzt [7, 8, 22].

1.2.4 Azohaltige Polymere

Funktionalisierte Azoverbindungen können im Zuge einer Copolymerisation, Polykondensation mit herkömmlichen Monomeren oder polymeranalogen Umsetzung azohaltige Polymere bzw. Polykondensate liefern. Diese azohaltigen Polymere lassen sich in drei Gruppen unterteilen, in denen sich die Azogruppe in der Hauptkette, am Kettenende oder in der Seitenkette befindet. Durch thermische Zersetzung sind diese Makromoleküle in der Lage, in Gegenwart eines radikalisch polymerisierbaren Monomeren Homopolymere, Blockcopolymere oder Pfropfcopolymere zu bilden (Abb. 1.3). Sie werden daher auch als polymere Azoinitiatoren bezeichnet [23-26] .

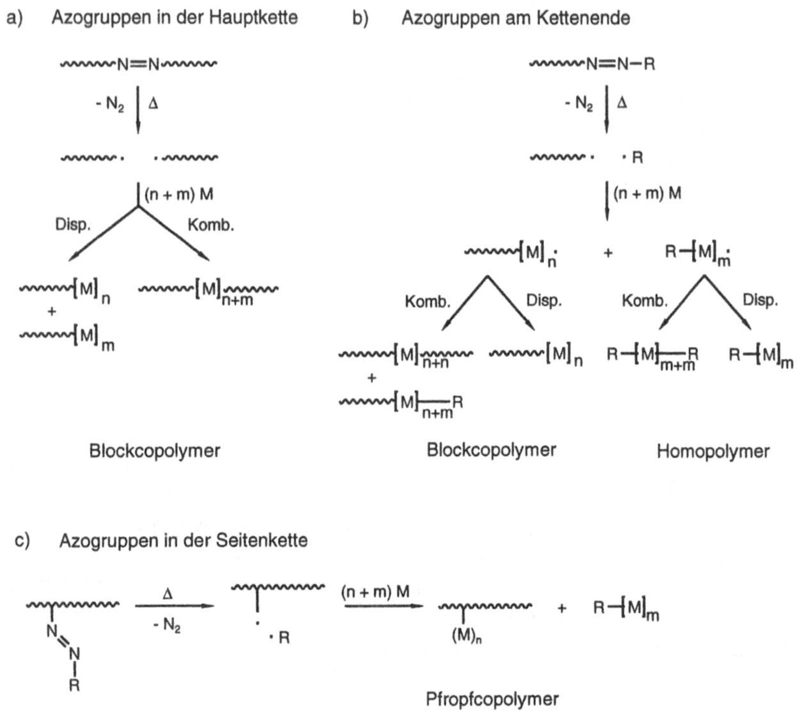

Abb. 1.3: a) Bildung von Blockcopolymer
b) Bildung von Blockcopolymer und Homopolymer
c) Bildung von Pfropfcopolymer
Disp.: Abbruch durch Disproportionierung
Komb.: Abbruch durch Kombination

Azogruppen, die sich im Polymerrückgrat befinden (Abb. 1.3a), führen bei ihrer Zersetzung zur Fragmentierung des Polymeren. In Anwesenheit eines geeigneten Monomeren kann das entstandene Polymerradikalfragment eine Polymerisation unter Bildung eines Blockcopolymeren initiieren. Bei der Thermolyse von Azoverbindungen, die sich am Kettenende des Polymeren befinden (Abb. 1.3b), findet keine Fragmentierung des azohaltigen Polymeren statt. In diesem Fall entstehen zusätzlich Radikale, die an keine Polymerkette gebunden sind, so daß es neben Blockcopolymeren auch zur Bildung von Homopolymer kommt. Befinden sich die Azogruppen in den Seitenketten entlang der Polymerhauptkette (Abb. 1.3c), bilden sich durch ihre Zersetzung Radikale, die als Pfropfungszentren fungieren.

Als polymere Azoinitiatoren werden diese Polymere u.a. zur Herstellung von Core-Shell-Polymeren [27] verwendet. Mit Hilfe einer definierten Anzahl von Azogruppen auf der Oberfläche kleiner Latexpartikel ist es möglich, durch Pfropfreaktion eine Schale zu bilden.
Neben polymeren Azoinitiatoren sind jedoch auch im Hinblick auf potentielle Anwendungen wie z.B. als Materialien für Datenspeichermedien, für die Drucktechnologie oder für die Mikrolithographie eine Vielzahl neuer funktionalisierter Monomere und Polymere synthetisiert worden [28]. Die Thermolabilität, das Lichtabsorptionsverhalten, die Löslichkeit, die mechanischen und weitere Eigenschaften der Polymere können gezielt durch Variation der funktionellen Gruppen gesteuert werden.

1.3 Mikrokapseln

1.3.1 Eigenschaften der Mikrokapseln

Eine sehr wichtige Eigenschaft [29-32] von Mikrokapseln ist ihr Durchmesser, er liegt im Bereich von 1 bis 1000 µm. Bei Kapseln mit einem Durchmesser größer als 1000 µm spricht man von Makrokapseln, Kapseln mit einem Durchmesser kleiner als 1 µm werden als Nanokapseln [33] bezeichnet. In den meisten Fällen werden einzelne, freifließende und agglomeratfreie Kapseln angestrebt.

Die äußere Form der Mikrokapseln ist vom Kernmaterial und von der Abscheidung des Wandmaterials abhängig (Abb. 1.4).

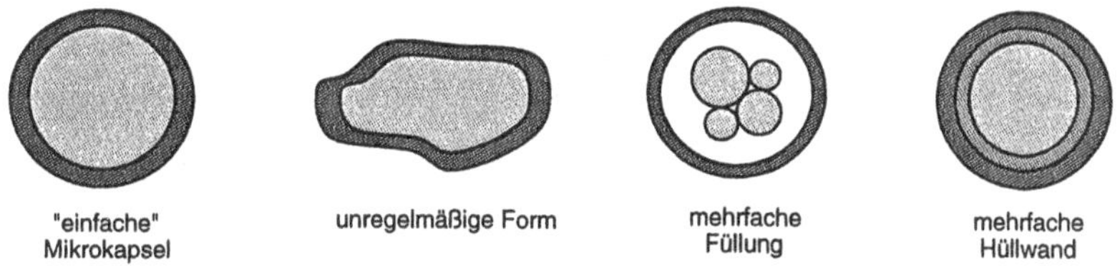

Abb. 1.4: Schematische Darstellung von Mikrokapselmorphologien

Wird der Kern aus einem Gas oder einer Flüssigkeit gebildet, ergeben sich meist runde Mikrokapseln mit glatter oder mehr oder weniger gefalteter Oberfläche. Verkapselte Feststoffe, die häufig als beschichtete Materialien bezeichnet werden, bestimmen bei geringen Wanddicken die äußere Form. Außerdem ist es möglich, Aggregate zu verkapseln oder Mikrokapseln mit mehrfacher Hüllwand zu synthetisieren.
Durch die Verkapselung von Stoffen sollen je nach Anwendung verschiedene Eigenschaften erzielt werden:

- verzögerte oder kontrollierte Abgabe des Inhaltes
- Verbesserung der Rieselfähigkeit
- Umwandlung von Flüssigkeiten in Feststoffe
- Schutz der Stoffe vor Außeneinflüssen
- Reduzierung der Giftigkeit
- Reduzierung der Brennbarkeit

Diese Gebrauchseigenschaften werden durch das Kernmaterial, Art und Dicke des Wandmaterials, Kapseldurchmesser, Freisetzungsmechanismus und schließlich von der Umgebung der Kapseln bestimmt.

Bei den Hüllwandmaterialien unterscheidet man zwischen Systemen, die auf natürlichen oder synthetischen, filmbildenden Polymeren basieren. Zu den natürlichen Polymeren zählen z.B. Gelatine, Stärke, Zucker, Wachse, Gummi arabicum, Alginate/Pectinate und Schellack. Als Beispiele für synthetische Polymere können Polyethylenglykol, Polyvinylalkohol, Silikone, Epoxidharze und Polyether genannt werden. Mit der geeigneten Wahl des Wandmaterials lassen sich sowohl wasserlösliche als auch wasserunlösliche Feststoffe und Flüssigkeiten, sowie Lösungen oder Dispersionen verkapseln. Die Auswahl von Kernmaterial und Kontinuum ist dabei durch die Löslichkeit und die Reaktivität der Monomeren begrenzt.

Die Wahl des Wandmaterials hat einen sehr großen Einfluß auf die Permeabilitätseigenschaften der Kapselwand. Die Durchlässigkeit der Hüllwand wird einerseits durch die Wanddicke, andererseits durch die chemische Struktur des Wandmaterials festgelegt und kann nach dem 1. FICKschen Gesetz (Gl. 1.1) berechnet werden.

$$\frac{dm}{dt} = -D \cdot A \cdot \frac{dc}{dw} \qquad \text{Gl. 1.1}$$

dm/dt: diffundierende Stoffmenge in $mol \cdot s^{-1}$
dc: Konzentrationsdifferenz zwischen innerer und äußerer Phasengrenze in $mol \cdot L^{-1}$
dw: Wanddicke der Kapselhülle in cm
D: Diffusionskoeffizient in $cm^2 \cdot s^{-1}$
A: Oberfläche der Kapselhüllen in cm^2

Der Diffusionskoeffizient D erfaßt die spezifischen Eigenschaften des Wandmaterials wie seine physikalisch-chemische Konstitution, seine Wechselwirkungen mit der Umgebung (z.B. das Quellvermögen) und die Temperaturabhängigkeit dieser Wechselwirkungen.
In Abhängigkeit von den Eigenschaften des Wandmaterials werden Kapseln mit undurchlässiger Hüllwand, semipermeabler Hüllwand und permeabler Hüllwand unterschieden.
Die Freigabe des Kapselinhaltes kann neben Diffusion auch durch Zerdrücken der Kapsel, Schmelzen oder Auflösen der Kapselwand, Herauslösen des Kapselinhaltes oder enzymatischen Abbau der Kapselwand erfolgen. Zusätzlich besteht bei semipermeablen Hüllwänden die Möglichkeit, Reaktionen innerhalb der Kapsel ablaufen zu lassen.

1.3.2 Thermolabile Mikrokapseln

Eine Erweiterung des Spektrums der Freisetzungsmöglichkeiten gelang in den letzten Jahren durch die Synthese von Mikrokapseln, die Sollbruchstellen in der Hüllwand aufweisen, welche sich gezielt thermisch oder photochemisch aufbrechen lassen [2-10]. Bei diesen Sollbruchstellen handelt es sich vorwiegend um Azogruppen, die als strukturbildendes Element in Polymerhauptketten integriert werden. Die Darstellung dieser Mikrokapseln erfolgt durch Grenzflächenpolykondensation, wobei eine der Kondensationskomponenten eine Azofunktion der allgemeinen Struktur X-R-N=N-R-X (X = OH, NH_2, NCO, COCl) enthält. Durch Einbeziehen der Azogruppe in ein lichtabsorbierendes System, z.B. durch Konjugation mit einer aromatischen Gruppe, kann außer Thermo- auch Photolabilität erreicht werden.
Nach diesem Prinzip gelang die Synthese thermolabiler und photolabiler Mikrokapseln mit azohaltigen Polyamid-, Polyharnstoff- und Polyesterhüllwänden. Durch thermische Behandlung oder UV-Bestrahlung können die Mikrokapseln gezielt geöffnet werden und ein Freisetzen des Kapselinhaltes unter anwendungsorientierten Bedingungen (z.B. für den Thermotransferdruck) erlauben (Abb. 1.5).

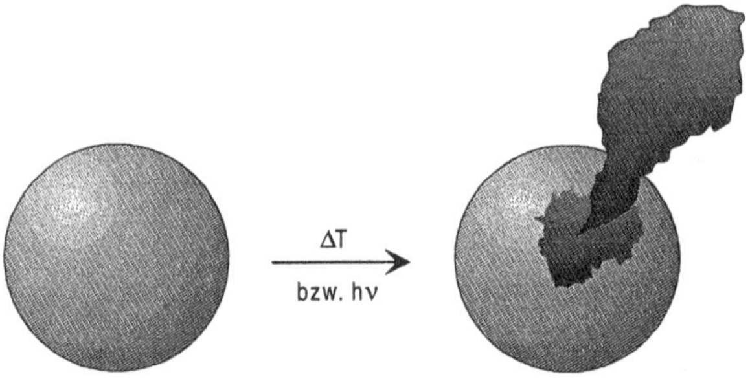

Abb. 1.5: Kapselöffnung durch Wärme bzw. durch Einstrahlung von Licht

1.3.3 Mikroverkapselungsverfahren

Für die Herstellung von Mikrokapseln sind eine große Anzahl von Verfahren entwickelt worden, die sich in mechanisch-physikalische und chemische Mikroverkapselungsverfahren aufteilen lassen [29-35].

- *Mechanisch-physikalische Mikroverkapselungsverfahren*
  Die mechanisch-physikalischen Verfahren beruhen auf physikalischen Gesetzen und benötigen speziell dafür entwickelte Apparaturen. Hier sind jedoch im Vergleich zu chemischen Verfahren nur geringere Kapazitäten und Ausbeuten möglich. Es resultieren relativ große Mikrokapseln mit einem Durchmesser im Bereich 300-5000 µm.
- *Chemische Mikroverkapselungsverfahren*
  Chemische Mikroverkapselungsverfahren werden im allgemeinen im flüssigen Medium durchgeführt. Sie benötigen keine speziellen Apparaturen und sind durch hohe Ausbeuten, gute Kapazitäten und Mikrokapselgrößen bis in den Nanobereich gekennzeichnet.

Die Wahl des geeigneten Verfahrens richtet sich in erster Linie nach der zu verkapselnden Substanz und nach den gewünschten Eigenschaften. Die verschiedenen Verfahren werden im folgenden beschrieben.

1.3.3.1 Mechanisch-physikalische Verfahren

Die *Sprühtrocknung* gehört zu den ersten kommerziellen Verkapselungsprozessen. Hierbei wird eine Emulsion oder Dispersion der zu verkapselnden Substanz (Flüssigkeit oder Feststoff) in einem heißen, inerten Gasstrom verdüst. In der kontinuierlichen Phase gelöstes Polymer schlägt sich nach Verdunsten des Lösungsmittels auf dem Kernmaterial nieder und schließt es ein. Die Kapseln fallen als freifließendes, trockenes Pulver an [36].

Beim *Tauch-Verfahren* werden Kernmaterialteilchen oder -tröpfchen mit hoher Geschwindigkeit durch einen dünnen Film des flüssigen Wandmaterials getaucht. Dabei reißt das Teilchen oder Tröpfchen Substanz des Wandmaterials mit sich und wird davon umschlossen.
Das von Sommerville entwickelte *Zentrifugen-Verfahren* ist eine sehr spezielle Ausführungsform. Das Kernmaterial wird in Form feiner Tröpfchen von einem rotierenden Drehteller nach außen geschleudert. Während des Fluges treten die Flüssigkeitstropfen durch einen Film aus Wandmaterial und werden verkapselt.
Das Prinzip des *Mehrstoffdüsen-Verfahrens* besteht darin, daß das Kernmaterial aus der inneren Düse, das Wandmaterial aus einem konzentrisch dazu angeordneten Ringdüsenspalt austritt. Dabei ist es auch möglich, die Substanzen über eine rotierende Scheibe zu verdüsen. Durch das Abreißen der Strömung außerhalb der Düse bilden sich Tröpfchen, die aus Kern und Hülle bestehen.

Mikrokapseln können auch durch *Beschichtung im Wirbelbett* hergestellt werden. Das feste, feinteilige Kernmaterial wird von einem vertikalen Luftstrom in der Schwebe gehalten und mit einer Lösung des Wandmaterials bedüst. Dabei verdunstet das Lösungsmittel und das Kernmaterial wird umhüllt. Ein spezielles Verfahren ist der von D. E. WURSTER entwickelte sogenannte *Wurster-Prozeß* [37]. Dieses Verfahren besitzt eine sehr hohe Trocknungskapazität und ist daher v.a. für wäßrige Systeme geeignet.

Eine weitere Möglichkeit zur Verkapselung von Flüssigkeiten ist die *elektrostatische Mikroverkapselung*. Das Kernmaterial und das geschmolzene Wandmaterial werden zerstäubt und die Tröpfchen entgegengesetzt aufgeladen. Führt man die Tröpfchen in einer Kollisionskammer zusammen, vereinigen sie sich und die Kapselform wird gebildet.

Feste Kernmaterialien können im Vakuum verkapselt werden. Bei dieser *Vakuumverkapselung* wird das Wandmaterial im Vakuum verdampft und auf dem zu überziehenden Kernmaterial kondensiert.

1.3.3.2 Chemische Verfahren

Das einfachste chemische Mikroverkapselungsverfahren stellt die *Wandbildung aus vorgegebenem Polymer* dar. Hierbei wird das Kernmaterial in einer Lösung des Wandmaterials dispergiert. Durch allmähliche Zugabe von Fällungsmittel, durch Temperaturänderung oder Abdestillieren des Lösungsmittels schlägt sich das Wandmaterial auf dem Kernmaterial nieder.

Nach einem ähnlichen Prinzip arbeitet das Verfahren der *Koazervation*. Dieser Begriff wurde von BUNGENBERG DE JONG und KRUYT [38] eingeführt und kann in zwei Kategorien, die einfache Koazervation und die Komplexkoazervation, eingeteilt werden. Wird ein lyophiles Kolloid vom Solzustand in ein festes Präzipitat überführt, kann es zu einem Zwischenzustand kommen, bei dem sich das vorher gleichmäßig verteilte Kolloid in einer noch flüssigen lösungsmittelhaltigen Phase abscheidet. Die Koazervation gelingt durch Salzzugabe, Fällungsmittelzugabe, Verdünnen oder pH-Wert-Änderung. Das auf diese Weise erzeugte sogenannte Koazervat neigt dazu, im Sol vorhandene Feststoffteilchen einzuschließen.
Das technisch wichtigere Verfahren ist die *Komplexkoazervation*. Darunter ist die gegenseitige Ausfällung zweier entgegengesetzt geladener Sole oder Polymere in Lösung zu verstehen.

Sehr elegante und variantenreiche Methoden stellen die *Grenzflächenpolyreaktionen* dar [39, 40]. Die Wandbildung erfolgt aus monomeren oder oligomeren Ausgangsstoffen durch Polykondensation oder Polyaddition. Ein sehr bekanntes Verfahren beruht auf dem Prinzip der *Grenzflächenpolykondensation*. Hierbei wird eine flüssige Phase in der kontinuierlichen Phase durch intensives Rühren dispergiert. An der Phasengrenze dieser nicht mischbaren Flüssigkeiten tritt die Mikrokapselhüllwandbildung ein. Mit diesem Verfahren ist sowohl die Verkapselung einer organischen Phase, als auch die "inverse Verkapselung" einer wäßrigen Phase möglich. Neuere Verfahren verwenden Glasmembranen mit definierter Porengröße, die den Rührvorgang ersetzen sollen [41, 42]. Dabei wird eine flüssige Phase mit Hilfe von gasförmigem Stickstoff durch die Glasmembran in die kontinuierliche Phase gedrückt.

1.3.4 Anwendungsbeispiele

Einige gängige Beispiele für Anwendungsbereiche der Mikrokapseln sind in Tab. 1.1 aufgeführt.

Tab. 1.1: Anwendungsbeispiele für Mikrokapseln

undurchlässige Hüllwand	semipermeable Hüllwand	permeable Hüllwand
Reaktionsdurchschreibepapier	Stofftrennung	Düngekörner
Klebstoffe	künstliche Niere	Insektizide
Duft- und Aromastoffe		Saatgut
Waschmittel		Kosmetik
Viehfutter		Geschmacksmaskierung
Vitamine		Galenik
Flüssigkristalle		
Flammschutzmittel		

Mikrokapseln sind heute in ihrer Anwendung sehr weit verbreitet, so daß hier nur einige Beispiele herausgegriffen werden [29, 31, 35]. In der Waschmittelindustrie werden Bleichmittel, Aufheller und Riechstoffe verkapselt. Mikroverkapselte Duftstoffe, die z.B. erst beim Verreiben auf der Haut ihren Duft verströmen, werden in der graphischen Industrie für Parfümproben bereits seit über 20 Jahren eingesetzt. Hier wurden Begriffe, wie Scratch-and-Sniff/Reiben-und-Riechen (System SAS) und Tear-and-Sniff/Reißen-und-Riechen (System TAS) geprägt. Im Klebstoff-Sektor bieten sich v.a. die sogenannten Zwei-Komponenten-Systeme an, die heute besonders in der Automobilindustrie eingesetzt werden. Auf dem Gebiet des Korrosionsschutzes werden Mikrokapseln, die antikorrosive Flüssigkeiten enthalten, eingesetzt. Durch die Mikroverkapselung gelingt es weiterhin, Insektiziden eine spezifische Toxizität und längere Wirkdauer zu geben. Zusätzlich werden sie bezüglich Handhabung weniger giftig und außerdem länger haltbar. Auch in der Medizin soll die Depotwirkung durch die Verkapselung von Wirkstoffen erzielt werden [43, 44]. Gleichzeitig wird dadurch eine Überdosis vermieden. Seit mehreren Jahren werden Mikrokapseln, die das Enzym Urease enthalten, in künstlichen Nieren eingesetzt [45]. Durch die so erreichte Vergrößerung der Oberfläche dieser künstlichen Niere konnte die Transportgeschwindigkeit des Blutes deutlich erhöht und damit die Behandlungszeit des Patienten gesenkt werden. Eine Vielzahl von Patenten existiert zur Stabilisierung und Mikroverkapselung von fein verteiltem roten Phosphor, der als Flammschutzmittel für Kunststoffe eingesetzt wird. Durch seine Verkapselung soll hauptsächlich die Entstehung von giftigem Phosphin während der Einarbeitung in die Formmassen unterbunden werden. Eine sehr populäre Anwendung ist sicherlich das Reaktionsdurchschreibepapier ("Carbonless Paper") mit drucksensitiven, farbstoffgefüllten Mikrokapseln.

1.4 Keramische Werkstoffe

1.4.1 Formgebung von keramischen Werkstoffen

Für die Herstellung keramischer Formkörper existieren zahlreiche Formgebungsverfahren [46-48], die je nach Anfangszustand des keramischen Materials - keramische Suspension, keramische Paste oder keramisches Pulver - Anwendung finden. Dabei müssen häufig zur Stabilisierung und zur Erhöhung der Festigkeit Stoffe wie z.B. Binder und Dispergiermittel zugesetzt werden. Eine gute Abstimmung dieser Additive aufeinander ist Voraussetzung für die Formkörperherstellung.
Den Zustand eines keramischen Körpers direkt nach der Formgebung und vor der thermischen Behandlung bezeichnet man als Grünkörper.
Bei der Formgebung erhält das Produkt im Wesentlichen schon seine endgültige Form. Lediglich die Abmessungen verändern sich noch während des Sintervorganges, das Produkt schwindet. Bei der Festlegung der Bauteilform ist zu berücksichtigen, daß ein keramisches Bauteil nicht auf Zug beansprucht werden soll, weil die Zugfestigkeit keramischer Werkstoffe bedingt durch ihre Sprödigkeit gering ist. Im folgenden werden verschiedene Formgebungsverfahren beschrieben.

a) keramische Suspensionen

Der *keramische Schlickerguß* [46-50] eignet sich zur Herstellung kompliziert geformter keramischer Bauteile, die sowohl massiv als auch hohl sein können und definiert einstellbare Wandstärken aufweisen. Dabei geht man von gießfähigen Suspensionen mit einem Wassergehalt von 30-40 Gew.-% aus. Diese Formgebungsmethode bietet für die unterschiedlichsten und teilweise sehr komplex geformten Bauteile die besten Möglichkeiten. Sie sollte auch in der vorliegenden Arbeit zur Anwendung kommen. Der Schlickerguß ist in gewissem Maße mit dem Metallgießen vergleichbar. Bei letzterem entzieht die kalte Form dem flüssigen Metall Wärme, wobei durch Kristallisation eine immer stärker werdende, feste Schicht entsteht. Analog dazu wird beim Schlickerguß durch eine poröse, wassersaugende Form, die bevorzugt aus kapillaraktivem Gips besteht, dem Schlicker Wasser entzogen. In gleichem Maße scheidet sich unter Berücksichtigung von Ablagerungs- und Umordnungsprozessen der Feststoffanteil an der Formenkontur ab. Die entformten Grünkörper werden meist an der Luft getrocknet. Anschließend erfolgt eine Pyrolyse der noch enthaltenen organischen Bestandteile bei Temperaturen bis ca. 800 °C. Durch den Sinterprozeß bei Temperaturen um 1600 °C werden die keramischen Partikel miteinander versintert und zu kompakten keramischen Teilen thermisch verdichtet. Entscheidend für die Durchführung des Verfahrens ist dabei die ideale Abstimmung der einzelnen Bestandteile des verwendeten Gießschlickers aufeinander (Synergieeffekte). Dadurch können geringe Gießzeiten und bereits im ungesinterten Zustand hohe Dichtewerte und eine angemessene Festigkeit des

Formlings erhalten werden. Schlickergegossene Teile zeichnen sich zumeist durch eine sehr gleichmäßige Porenstruktur aus. Mangels Druckanwendung beträgt die Dichte jedoch häufig nur 50 % des theoretischen Wertes. Die größeren Maßtoleranzen der Gipsformen, sowie die bereits beim Trocknen einsetzende und während des Sinterns noch stark zunehmende Schwindung gestatten es nicht, allzu große Forderungen an die Maßhaltigkeit schlickergegossener Sinterkörper zu stellen. Dem geringen Arbeitsaufwand für das Gießen des Körpers und den relativ geringen Werkzeugkosten stehen lange Trockenzeiten gegenüber. Sie erfordern für eine Massenfertigung eine große Anzahl von Formen und einen erheblichen Platzbedarf.

Der auf dem konventionellen Schlickerguß aufbauende *Schlickerdruckguß* [51, 52] ist ein sehr weit verbreitetes Verfahren bei der Produktion von Sanitär- und Geschirrkeramik. Im Gegensatz zum Gips ergibt sich hier praktisch kein Verschleiß des Formenmaterials. Auch nach mehr als 10000 Abgüssen bleibt somit die Maßhaltigkeit des Gießwerkzeuges erhalten. Ferner reduzieren sich die Energiekosten, da zum einen die Trocknung der Formen entfällt und zum anderen die Formteile einen niedrigeren Feuchtegehalt aufweisen.

Eine Alternative zum keramischen Schlickerguß stellen der *Sedimentationsguß* und der *Zentrifugenguß* dar. Beim Sedimentationsguß sedimentieren Teilchen der keramischen Suspension in einem Gefäß bis sich ein Kuchen ausbildet. Der Überstand wird abdekantiert und der resultierende Grünkörper getrocknet. Beim Zentrifugenguß wird die Kuchenbildung im Zentrifugalfeld beschleunigt.

Die elektronische Industrie erfordert Bauelemente, die durch Drucken von Leiterbahnen, elektrischen Widerständen, Kapazitäten u.ä. auf Substrate wirtschaftlich herzustellen sind. Durch *Folienguß* erhältliche keramische Substrate bieten gegenüber Kunststoffsubstraten eine Reihe von Vorteilen. Sie werden als „Endlos"-Folien durch Gießen eines Schlickers auf ein Band hergestellt und durch Stanzen auf die Verarbeitungsgröße unterteilt. Durch Zusammensintern lassen sie sich zu stabilen Bauelementen mit Vielfachfunktionen verarbeiten.

Bei der *bildsamen keramischen Formgebung* ist die Arbeitsmasse frei gestalt- und formbar und deutlich durch einen Zusammenhalt der Einzelteilchen gekennzeichnet. Der Feuchtegehalt ist gering und liegt zwischen 15 und 25 Gew.-%. Diese Art der Formgebung ist aus der Töpferkeramik schon lange bekannt.

b) keramische Pasten

Beim *Spritzgießen* und *Extrudieren* erreicht man durch einen relativ hohen Anteil an organischen Hilfsstoffen, wie z.B. thermoplastische Polymere und Wachse, eine zur Formgebung ausreichend plastifizierte, fließfähige Masse. Mit diesen leicht automatisierbaren Verfahren gelingt es aufgrund der kurzen Taktzeit, komplizierte Formen in hohen Stückzahlen herzustellen.

c) keramische Pulver

Bei der *Preßformgebung* liegen die Einzelpartikel oder ihre Agglomerate in einem pulvrigen oder granulierten Zustand ohne nennenswerten Zusammenhalt vor. Der Feuchtegehalt liegt bei etwa 0-15 Gew.-%. Das keramische Pulver wird in eine Preßform gefüllt und durch ein gasförmiges oder flüssiges Medium bei Raumtemperatur gleichförmig zusammengepreßt. Mit diesem Verfahren werden industrielle keramische Produkte mit einfacher Kontur und hoher, gleichmäßiger Dichte in großer Stückzahl produziert. Ein Beispiel dafür stellen die keramischen Dichtringe in Armaturen aller Art dar.

1.4.2 Bestandteile der keramischen Gießmassen

1.4.2.1 Rohstoffe

Neben den natürlichen Rohstoffen werden in der Keramik viele synthetische Rohstoffe eingesetzt [48]. Die natürlichen Rohstoffe unterscheiden sich je nach Lagerstätte in der Zusammensetzung, in der Menge und der Art der Verunreinigungen sowie der Teilchengröße. Durch geeignete Aufbereitungsverfahren, z.B. Flotationsverfahren oder Verwendung von Zyklonen und Magnetabscheidern soll eine möglichst homogene Zusammensetzung der Rohstofflieferungen erreicht werden. Die wichtigsten natürlichen Rohstoffe sind Ton, Kaolin, Feldspat, Quarz und Glimmer.
Während diese natürlichen Rohstoffe im wesentlichen in der sogenannten klassischen Keramik verwendet werden, setzt die als Hochleistungskeramik bezeichnete Sparte hauptsächlich synthetische Rohstoffe ein [53]. Hier ist es möglich, Feinstpulver mit sehr geringen metallischen Verunreinigungen herzustellen. Zu den synthetischen Rohstoffen gehören Aluminiumoxid, Zirkonoxid, Sliciumcarbid, Siliciumnitrid und Titandioxid.

1.4.2.2 Dispergiermedium

Synthetische Rohstoffe, die zur Herstellung von technischen Keramiken verwendet werden, benötigen wie oben schon erwähnt, organische Zusätze, um als Schlicker optimale und reproduzierbare Fließeigenschaften zu besitzen [54]. Diese Zusätze lösen sich bevorzugt in unpolaren Medien. Daher wurde bei der Herstellung solcher Gießmassen zunächst auf organische Lösungsmittel wie Ethanol oder chlorierte Ethylene als Dispersionsgrundlage zurückgegriffen, um alle Hilfsstoffe und das Pulver homogen im System zu verteilen. Die hohe Flüchtigkeit der organischen Lösungsmittel gewährleistet eine genügend schnelle Trocknung der Produkte [55].
Das im Bereich der Silikatkeramik am meisten verwendete Dispergiermedium ist Wasser, da sich Tone hier leicht dispergieren lassen. Diese Art der Keramik benötigt für die Verarbeitung kaum Zugaben wie Plastifizierer oder Binder, da wäßrige Systeme an sich bereits alle Arten von ionischer Stabilisierung enthalten. Außerdem treten beim anschließenden Trocknungsprozeß keine umweltgefährdenden Dämpfe auf, wie sie von den organischen Lösungsmitteln bekannt sind.

1.4.3 Bindersysteme

In der Literatur findet man eine Vielzahl von Bindern, die bei der keramischen Gießformgebung Verwendung finden [56-58]. Durch Wechselwirkung mit den anorganischen Partikeln der Gießmassen sollen die Binder bei schlickergegossenen Bauteilen eine Erhöhung der mechanischen Stabilität und der Festigkeit bewirken, nachdem das Dispergiermittel dem Grünkörper entzogen wurde (Abb. 1.6). Die Wechselwirkung hängt dabei in komplizierter Weise von Art, Konzentration und Anordnung der funktionellen Gruppen der organischen Bestandteile ab [59, 60].

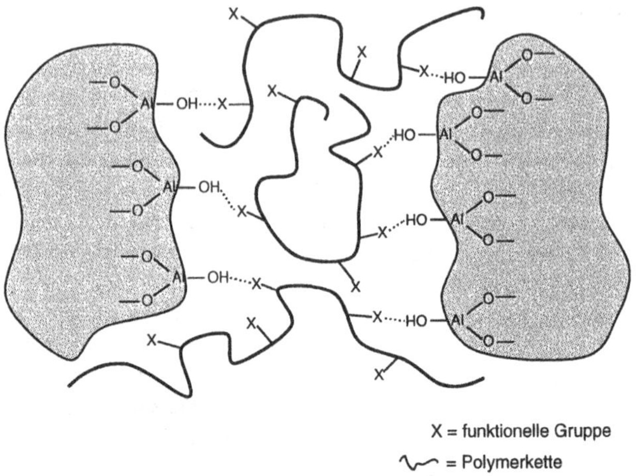

Abb. 1.6: Wechselwirkung von Bindern mit anorganischen Partikeln der Gießmassen

Man unterscheidet zwischen organischen und anorganischen Bindern, die sowohl natürlich als auch synthetisch vorliegen können. Tab. 1.2 gibt eine Übersicht der unterschiedlichen Bindertypen.

Tab. 1.2: Übersicht der verschiedenen Bindersysteme

organische Bindersysteme		***anorganische Bindersysteme***	
Substanzklasse	**Beispiele**	**Substanzklasse**	**Beispiele**
Gummi	Gummi arabicum	lösliche Silikate	Natriumsilikat
Polysaccharide	Stärke	organische Silikate	Ethylsilikat
	Dextrine	lösliche Phosphate	Alkaliphosphate
Alginate	Natriumalginat	lösliche Aluminate	Natriumaluminat
	Ammoniumalginat		
Celluloseether	Methylcellulose		
	Hydroxyethylcellulose		
synthetische Polymere	Polyvinylalkohol		
	Polyvinylacetat		
	Polyvinylchlorid		
	Polystyrol		
	Polyacrylsäuren		
	Polyacrylamide		
	Polyacrylate		
	Polyethylenglycol		
Wachse	Paraffine		
	Wachsemulsionen		
Fischöl			

Diese Binder, die für jede Anwendung gezielt konzipiert und variiert werden müssen, sollten verschiedene Anforderungen erfüllen. Das Bindersystem soll eine gute Handhabung der Grünkörper und ihre mechanische Bearbeitbarkeit gewährleisten [61]. Zusätzlich soll eine gute Verträglichkeit des Binders mit anderen Additiven gewährleistet werden, um Phasenseparation während der Trocknungszeit bzw. ein Agglomerieren des Binders durch Tensideinwirkung zu vermeiden [62]. Eine Vielzahl von organischen Bindern wird auch zur Herstellung hochviskoser Preßmassen für das Spritzgießen oder Extrudieren hergestellt. Beim anschließenden Ausheizvorgang ist eine vollständige und rückstandslose Zersetzung des Binders in flüchtige Produkte notwendig ohne dabei Fehlstellen- oder Rißbildung im thermisch behandelten bzw. ausgeheizten Formkörper zu bewirken. Die Zersetzungsreaktion soll einerseits so schnell erfolgen, daß die restlose Entfernung des Binders innerhalb eines zeitlich tolerierbaren Heizzyklusses stattfindet, andererseits muß eine Riß- bzw. Blasenbildung durch bei den Reaktionen plötzlich freigesetztes Gas verhindert werden.

1.4.3.1 Weitere Additive

Neben Bindersystemen werden häufig weitere Zusätze benötigt [47]:

- *Dispergiermittel*
  Zur Stabilisierung der Schlickersuspensionen werden Dispergiermittel zugesetzt, die mit der Oberfläche des keramischen Pulvers wechselwirken und häufig auch verflüssigende Wirkung haben. Dazu gehören z.B. ionische Tenside, wie Natriumoleat oder Natriumdodecylbenzolsulfonat. Darüber hinaus werden auch nichtionische Tenside und Polymerisate aus Vinylpyrrolidon, Acrylsäure, Acrylsäureamid, u.a. verwendet [63].

- *Befeuchtungsmittel*
  Bevor das keramische Pulver dispergiert werden kann, muß es zunächst befeuchtet werden. Aufgrund der hohen Oberflächenspannung wäßriger Suspensionen müssen häufig Hilfsmittel zugesetzt werden, die das Befeuchten der Partikel beschleunigen sollen. Gleichzeitig unterstützen sie die Bildung feinverteilter Suspensionen, wodurch die Rührzeit wesentlich verkürzt wird. Als Befeuchtungsmittel werden z.B. Polyethylenglycolalkylether verwendet.

- *Homogenisierer*
  Homogenisierer werden zur Herstellung homogener Schlickersuspensionen eingesetzt. Hierfür wird häufig Cyclohexanon verwendet.

- *Antiblasenbildner*
  Diese Zusätze sollen die Bildung von Blasen während des Rührvorganges verhindern. Im Grünkörper eingeschlossene Blasen können die Bildung von Löchern verursachen, während Blasen auf der Formkörperoberfläche die Entstehung von Kratern zur Folge haben.

1.5 Zielsetzung

In der vorliegenden Arbeit sollte die Festigkeit von keramischen Grünkörpern gesteigert und damit erstmals eine endkonturennahe Bearbeitung (Drehen, Bohren und Fräsen) von dünnwandigen Hohlkörpern realisiert werden. Für diesen Zweck sollten mikroverkapselte Bindersysteme entwickelt werden, die ihre Binderwirkung („Klebkraft") nicht wie bisher durch Anlagerung der Wirksubstanz an die Partikeloberfläche während der Formgebung entfalten, sondern bei der thermischen Nachbehandlung, die im Rahmen der üblichen Formteiltrocknung erfolgt. So könnte die allgemein geforderte Wasserlöslichkeit dieser organischen Zusätze umgangen werden.
Als Bindersystem waren thermolabile Mikrokapseln mit polymerisierbarem Monomer als Kapselinhalt geplant. Die wandbildenden Polymere der Mikrokapseln sollten durch eingebaute Azogruppen Sollbruchstellen besitzen, so daß im Rahmen eines Trocknungsschrittes die Mikrokapselhüllwände nach der Formgebung thermolysiert werden. Das Hüllwandmaterial sollte gleichzeitig als Initiator fungieren, so daß das polymere Bindersystem in situ durch radikalische Polymerisation des austretenden olefinischen Kapselinhaltes im Formkörper gebildet wird (Abb. 1.7).

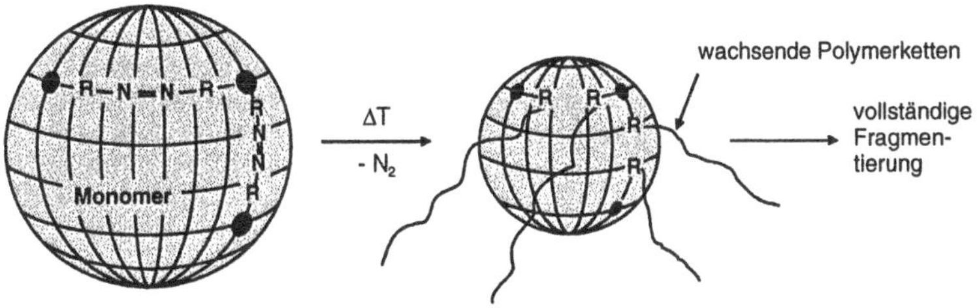

Abb. 1.7: Thermolyse der Mikrokapseln und Bildung des polymeren Bindersystems

Primär sollte die Synthese der thermolabilen Mikrokapseln mit radikalisch polymerisierbarem Kernmaterial mittels Grenzflächenpolykondensation und deren Charakterisierung behandelt werden. Dazu sollten zunächst verschiedene Modellpolymere, die als Hüllwandmaterial eingesetzt werden können synthetisiert und hinsichtlich ihres thermischen Verhaltens charakterisiert werden. Anschließend waren die Mikrokapseln sowohl in chemischer (Azogehalt, Vernetzungsgrad und Zersetzungsverhalten der Hüllwand, radikalisch polymerisierbares Monomer als Kernmaterial) als auch in physikalischer Hinsicht (Mikrokapselgröße) zu optimieren.
Sodann sollten keramische Formkörper unter Einsatz der mikroverkapselten Bindersysteme hergestellt werden. Als formgebendes Verfahren wurde der Schlickerguß

gewählt, da diese Methode eine weite Bandbreite an Möglichkeiten in bezug auf Gestalt und Komplexität der Formkörper bietet und reproduzierbar betrieben werden kann. Neben der Prüfung der generellen Eignung der mikroverkapselten Bindersysteme war spezielles Augenmerk auf die Verträglichkeit dieser Systeme mit den weiteren Bestandteilen des Schlickers zu richten. Letztlich sollte der Einfluß des Binders auf Festigkeit und Verformungsverhalten der Formkörper geprüft werden.

2 Modellpolymere

Das folgende Kapitel beschäftigt sich mit der Synthese geeigneter azohaltiger Modellpolymere, die später als Hüllwandpolymere für die Synthese thermosensitiver Mikrokapseln eingesetzt werden sollen. Ein sehr wichtiges Kriterium stellt daher die Thermolabilität dieser Verbindungen dar. Azoverbindungen lassen sich bei definierten Temperaturen unter Bildung von Radikalen, die gleichzeitig als Initiator fungieren können, thermisch zersetzen. Bei den üblichen Gebrauchstemperaturen müssen die Polykondensate jedoch ausreichend stabil sein, um einen problemlosen Umgang mit ihnen zu gewährleisten.
Zunächst wird die Synthese verschiedener Azoverbindungen vorgestellt, die im zweiten Teil des Kapitels zum Aufbau der Azopolykondensate eingesetzt werden sollen.

2.1 Synthese und Charakterisierung der Azoverbindungen

In diesem Kapitel wird die Synthese und Charakterisierung von Azoverbindungen beschrieben, die zur Darstellung von Modellpolymeren sowie zur Bildung der Mikrokapselhüllwände verwendet werden sollen.
Dialkylazoverbindungen zählen zu den wichtigsten thermischen und photochemischen Radikalinitiatoren und erscheinen das hier angestrebte Ziel besonders geeignet. Die Zerfallskinetik dieser Verbindungen ist vergleichbar mit Azoisobutyronitril (AIBN) erster Ordnung [5].
Die synthetisierten azohaltigen Monomere sind bifunktionell und können durch Polykondensation bzw. Polyaddition zu Polymeren umgesetzt werden. Trotz ihrer thermolabilen Gruppen sind sie bei Raumtemperatur stabil und damit ideale Ausgangsverbindungen für thermosensitive Mikrokapselhüllwandpolymere bei denen die Azogruppe vollständig im Polymerrückgrat eingebaut ist [5].
In Zusammenhang mit den hier geplanten Untersuchungen wurden die Verbindungen jeweils mittels $^{1}H/^{13}C$-NMR-Spektroskopie charakterisiert. Zur Bestimmung der Schmelz- und Zersetzungspunkte wurden die Differential Scanning Calorimetry (DSC) sowie die Thermogravimetrische Analyse (TGA) herangezogen.

2.1.1 4,4´-Azobis-(4-cyanovaleriansäurechlorid) (ACVCl)

Aufgrund von Literaturstudien [2, 3, 5, 9] über das Thermolyse- und Polykondensationsverhalten erschien das bifunktionelle 4,4´-Azobis-(4-cyanovaleriansäurechlorid) (ACVCl) mit den reaktiven funktionellen Carbonsäurechloridgruppen für spätere Mikroverkapselungsversuche als besonders geeignet. Diese Verbindung wurde bereits in vorausgegangenen Arbeiten über thermosensitive Mikrokapseln zur Synthese azohaltiger Polyamide bzw. Polyester eingesetzt.

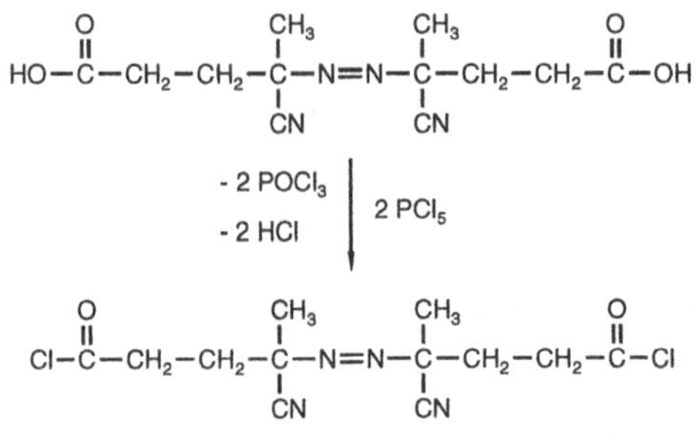

Abb. 2.1: Synthese von 4,4´-Azobis-(4-cyanovaleriansäurechlorid) (ACVCl)

Ausgangsverbindung für die Darstellung von 4,4´-Azobis-(4-cyanovaleriansäurechlorid) ist 4,4´-Azobis-(4-cyanovaleriansäure) (ACVS), die erstmals 1955 von HAINES und WATERS [64] synthetisiert wurde (Abb. 2.1). Diese Verbindung enthält zwei identische asymmetrische Zentren, woraus meso- und (±)-Isomeren resultieren. Die nach einer Methode von OVERBERGER und BERENBAUM [65] mögliche Trennung der Isomeren war für diese Arbeit jedoch nicht notwendig.
Die Umsetzung der käuflichen Verbindung 4,4´-Azobis-(4-cyanovaleriansäure) zum Säurechlorid erfolgte nach der Methode von SMITH [66] mit Phosphorpentachlorid in Toluol mit einer Ausbeute von 86 % d. Th..
Das entstehende farblose, kristalline 4,4´-Azobis-(4-cyanovaleriansäurechlorid) ist in vielen chlorierten Lösungsmitteln (z.B. Methylenchlorid, Chloroform, 1,2-Dichlorethan) sehr gut löslich, in höheren Kohlenwasserstoffen (z.B. Pentan, Hexan) dagegen unlöslich. Es zeigt aufgrund der chromophoren Azogruppierung mit zwei Nitril-Gruppen in α,α´-Stellung im UV-Bereich bei 349 nm (in $CHCl_3$) ein Absorptionsmaximum. Es schmilzt DSC-Messungen zufolge im Bereich 80-85 °C unter Zersetzung.

2.1.2 3,3´-Azobis-(3-cyanobutanisocyanat) (ACBI)

Zur Darstellung von azogruppenhaltigen Polyharnstoffen wurde 3,3´-Azobis-(3-cyanobutanisocyanat) (ACBI) synthetisiert [5, 6].

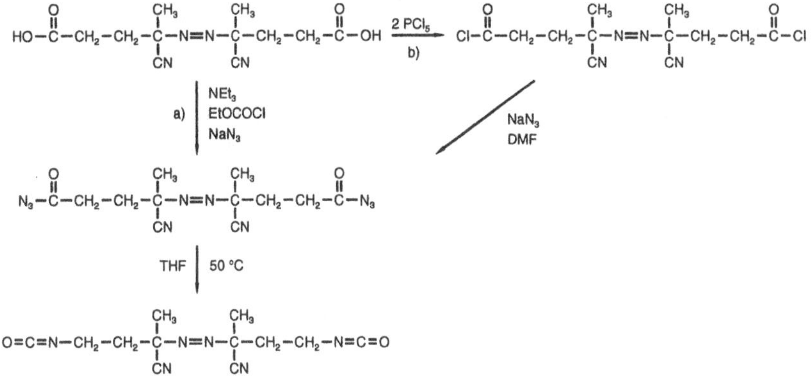

Abb. 2.2: Zwei alternative Syntheserouten zur Darstellung von 3,3´-Azobis-(3-cyanobutanisocyanat) (ACBI)

Ausgehend von 4,4´- Azobis-(4-cyanovaleriansäure) (ACVS) wurde über Syntheseroute a) durch Umsetzung mit Chlorameisensäureethylester und Natriumazid das 4,4´-Azobis-(4-cyanovaleriansäureazid) synthetisiert (Abb. 2.2). Die Verbindung fällt als farbloser, kristalliner Feststoff an und zersetzt sich bei 119 °C. Anschließend erfolgte bei 50 °C in Tetrahydrofuran unter Abspaltung von Stickstoff die Umlagerung zum farblosen, kristallinen 3,3´-Azobis-(3-cyanobutanisocyanat).
Aufgrund der geringen Ausbeute von nur 8,5 % d. Th. bei der Synthese des 4,4´-Azobis-(4-cyanovaleriansäureazids), wurde nach einer weiteren Synthesevariante gesucht.
Durch Umsetzung von 4,4´-Azobis(4-cyanovaleriansäurechlorid) (ACVCl) mit Natriumazid (Syntheseroute b)) gelang es das 4,4´-Azobis-(4-cyanovaleriansäureazid) mit einer, im Vergleich zu Syntheseroute a), deutlich höheren Ausbeute von 26,3 % d. Th. zu synthetisieren [67]. Die anschließende Erwärmung auf 50 °C in Tetrahydrofuran führte wieder zum Isocyanat.
3,3´-Azobis-(3-cyanobutanisocyanat) zersetzt sich nach DSC-Messungen bei 105 °C und zeigt im UV-Bereich ein Absorptionsmaximum von 350 nm (in $CHCl_3$).

2.2 Synthese und Charakterisierung der Modellpolymere

Das folgende Kapitel behandelt die Synthese und Charakterisierung verschiedener Modellpolymere mit Hilfe der beschriebenen Azoverbindungen.
Unter Verwendung von 4,4´-Azobis-(4-cyanovaleriansäurechlorid) (ACVCl) als thermolabilen Baustein, sind durch Umsetzung mit verschiedenen bifunktionellen amin- und alkoholhaltigen Monomeren Polyamide bzw. Polyester zugänglich. Die Synthese linearer Polymere ermöglicht aufgrund ihrer Löslichkeit eine ausführliche Charakterisierung. Für die spätere Verwendung als Hüllwandmaterial zur Herstellung undurchlässiger Mikrokapseln sind vernetzte Polymere interessant. Weiterhin soll der Zusatz nichtazohaltiger Säurechloride eine Variation des Azogruppengehaltes im Polymeren ermöglichen.
Die Umsetzung des zweiten thermolabilen, azohaltigen Monomers 3,3´-Azobis-(3-cyanobutanisocyanat) (ACBI) mit Diaminen führt zu Polyharnstoffen.
Polydiaryldiazosulfide stellen eine weitere Alternative zum Aufbau thermolabiler Mikrokapselhüllwände dar. Sie werden durch Reaktion einer wäßrigen Bisdiazoniumsalzlösung mit einem in der organischen Phase gelösten Dithiol synthetisiert.
Als Synthesemethode wurde die Grenzflächenpolykondensation zur Synthese der Polyamide, Polyester und Polydiaryldiazosulfide bzw. die Grenzflächenpolyaddition zur Synthese der Polyharnstoffe gewählt. Dadurch können ähnliche Polymerisationsbedingungen wie bei der Mikroverkapselung geschaffen werden.
Struktur und Reinheit wurden für lösliche, nicht vernetzte Polykondensate mittels $^{1}H/^{13}C$-NMR-Spektroskopie und IR-Spektroskopie geprüft. Die Molmassen wurden mittels Gelpermeationschromatographie (GPC) bestimmt. Das für die thermische Öffnung der Mikrokapseln relevante Zersetzungsverhalten der Polymere wurde mittels der Differential Scanning Calorimetry (DSC) sowie der Thermogravimetrischen Analyse (TGA) untersucht. Mit Hilfe der Differential Scanning Calorimetry wurden zusätzlich Messungen zur Bestimmung des Azogehaltes von Copolykondensaten vorgenommen.

2.2.1 Grundlagen der Grenzflächenpolykondensation und -polyaddition

Unter dem Begriff Polykondensation [68-71] versteht man eine aus einzelnen Kondensationsschritten bestehende Stufenreaktion von bi- oder höherfunktionellen Komponenten, in deren Verlauf unter Abspaltung niedermolekularer Verbindungen (z.B. H_2O, NH_3, HCl) Makromoleküle entstehen. Die Tatsache, daß für jeden Wachstumsschritt die Aktivierungsenergie der Kondensationsreaktion aufgebracht werden muß, unterscheidet sie von den initiierenden Kettenwachstumsreaktionen, wie z.B. der radikalischen Polymerisation.
Neben der Polykondensation existiert noch eine weitere Stufenreaktion, die Polyaddition. Sie unterscheidet sich definitionsgemäß von der Polykondensation, indem die Addition von Monomeren ohne Abspaltung niedermolekularer Verbindungen erfolgt. Kinetisch verlaufen Addition und Kondensation jedoch identisch.
Die Polymereigenschaften sind sehr stark vom mittleren Polymerisationsgrad, also der Anzahl einer bestimmten, sich in einem Molekül wiederholenden, Struktureinheit abhängig. Eine Beziehung zwischen dem mittleren Polymerisationsgrad $\bar{P}_n$, dem Umsatz p und der Stöchiometrie bzw. dem Molverhältnis der funktionellen Gruppen r wird durch die CAROTHERS-Gleichung (Gl. 2.1) beschrieben [72]. Sie gilt für alle reaktionslimitierten Stufenreaktionen einschließlich der homogen durchgeführten Polykondensationsreaktionen und Polyadditionen.

$$\bar{P}_n = \frac{1+r}{1+r-2rp} \qquad \text{Gl. 2.1}$$

p: Umsatz
r: Stöchiometrie
$\bar{P}_n$: mittlerer Polymerisationsgrad

Es können zwei Grenzfälle diskutiert werden:

perfekte Stöchiometrie: $r = 1 \Rightarrow \bar{P}_n = \frac{1}{1-p}$

quantitative Reaktion: $p = 1 \Rightarrow \bar{P}_n = \frac{1+r}{1-r}$

Hohe Molmassen werden demnach nur erreicht, wenn sich beide Parameter ihren maximal erzielbaren Werten nähern.
Bei den Polykondensationsreaktionen unterscheidet man zwischen Reaktionen, die in homogener Phase ablaufen (homogene Polykondensation) und Reaktionen, die in heterogener Phase ablaufen (Grenzflächenpolykondensation). Die Grenzflächenpolykondensation wird in einem Zweiphasensystem durchgeführt. Ein Beispiel ist die SCHOTTEN-BAUMANN-Reaktion zwischen einem Dicarbonsäurechlorid und einem Diol, Diamin oder Dithiol. Die Komponenten werden getrennt in zwei nicht miteinander

mischbaren Lösungsmitteln gelöst. Anschließend werden beide Lösungen vorsichtig überschichtet oder heftig gerührt. Die Polykondensation setzt augenblicklich an der Phasengrenze dieser zwei Lösungsmittelphasen ein. Häufig wird eine Base zum Abfangen des bei der Synthese von Polyamiden und Polyestern gebildeten Chlorwasserstoffs eingesetzt, wodurch eine Erhöhung des Umsatzes erzielt wird. Eine wichtige Voraussetzung ist die Exklusivität des Lösevermögens für die Monomere in beiden Phasen. Als Lösungsmittel für das Diamin bzw. Diol wird fast ausschließlich Wasser verwendet, während das Dicarbonsäurechlorid in inerten, mit Wasser nicht mischbaren Lösungsmitteln (z.B. aliphatische, aromatische oder chlorierte Kohlenwassestoffe) gelöst wird.

Die Grenzflächenpolykondensation kann sowohl mit aliphatischen als auch mit aromatischen Dicarbonsäurechloriden durchgeführt werden. Von den Diaminen eignen sich in erster Linie primäre und sekundäre aliphatische Diamine; aromatische Diamine reagieren zu langsam und werden bevorzugt in homogener Lösung polykondensiert. Von den Diolen sind nur Bisphenole für die Grenzflächenpolykondensation geeignet, da aliphatische Diole in wäßrigem Medium keine ausreichende Alkanolatkonzentration bilden können.

Die Grenzflächenpolykondensation ist eine diffusionskontrollierte Reaktion, d.h. die Diffusion beider Monomere durch die Bulkphase an die Grenzfläche heran ist reaktionslimitierend. Dieser Effekt hat zur Folge, daß das Verhältnis der Konzentrationen der miteinander reagierenden funktionellen Gruppen weniger durch die Einwaage, sondern mehr durch die Diffusionskonstante der jeweiligen Monomere bestimmt ist. Die Grenzflächenpolykondensation nimmt somit eine Sonderstellung ein, da sie wesentlich niedrigere Ansprüche an Reinheit und stöchiometrische Äquivalenz der Edukte als die homogene Polykondensation stellt. Die CAROTHERS-Gleichung kann folgendermaßen geändert werden (Gl. 2.2):

$$\bar{P}_{n,i} \geq \frac{1+r}{1+r-2rp} \qquad \text{Gl. 2.2}$$

Nachdem der vollständige Umsatz bei der Grenzflächenpolykondensation bereits nach Sekunden oder Minuten erreicht ist, eignet sich diese Methode ganz besonders zur Synthese von Polymeren mit labilen funktionellen Gruppen. So kann z.B. die Hydrolyse des Säurechlorids als wichtige Nebenreaktion vernachlässigt werden. Sie wird erst bei langen Reaktionszeiten und einer geringfügigen Wasserlöslichkeit des Säurechlorids oder des organischen Lösungsmittels relevant.

2.2.2 Polyamide

Zur Synthese eines linearen Polyamids PA1 wurde Ethylendiamin als Aminkomponente gewählt und mit 4,4′-Azobis-(4-cyanovaleriansäurechlorid) (ACVCl) umgesetzt.
Im Hinblick auf die Synthese undurchlässiger Mikrokapselhüllwände sollten zusätzlich vernetzte Polyamide unter Verwendung des trifunktionellen Diethylentriamins als Aminkomponente synthetisiert werden. Der Zusatz von Terephthalsäuredichlorid als zweite Säurechloridkomponente erlaubt die Variation des Azogehalts innerhalb der Polyamide (PA2a-h).
Eine weitere Erhöhung des Vernetzungsgrades im Polymeren gelingt durch Austausch von Terephthalsäuredichlorid gegen 1,3,5-Benzoltricarbonsäuretrichlorid (PA3a,b).
Die Synthesen der verschiedenen Polyamide sind unter Variation von Azogehalt und Vernetzungsgrad in Abb. 2.3 schematisch dargestellt.

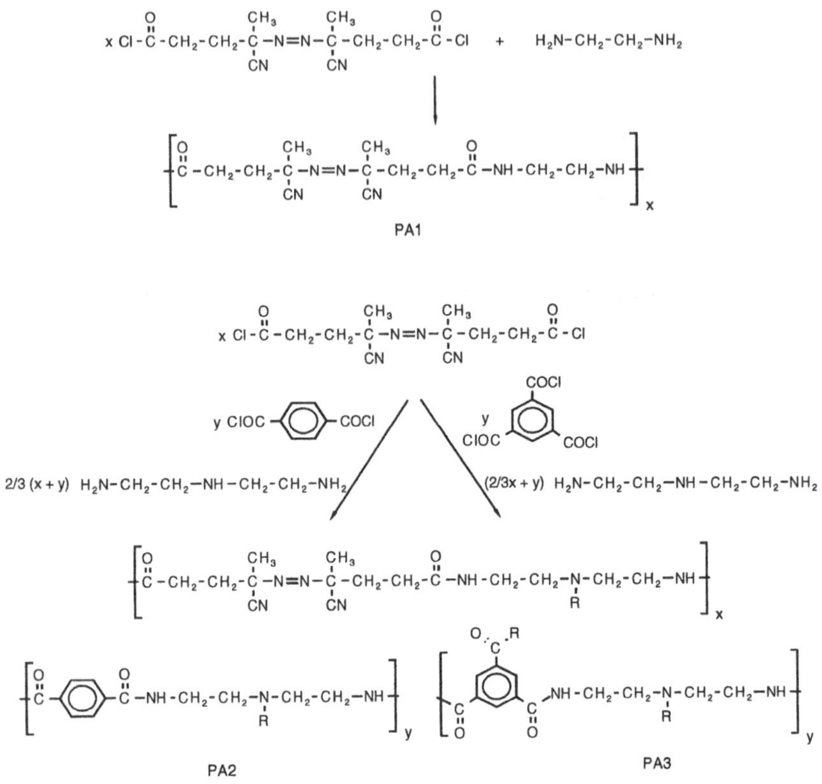

	PA2a	PA2b	PA2c	PA2d	PA2e	PA2f	PA2g	PA2h
x:y	10:0	9,5:0,5	9:1	8,5:1,5	8:2	7,5:2,5	7:3	5:5
	PA3a	**PA3b**						
x:y	8:2	5:5						

Abb. 2.3: Synthese des linearen Polyamids PA1 und der vernetzten Polyamide PA2a-PA2h, PA3a und PA3b unter Variation von Vernetzungsgrad und Azogehalt

Zur Synthese sämtlicher Polyamide wurden die in Toluol gelösten Säurechloride unter Lichtausschluß in Wasser dispergiert und anschließend eine Lösung von Ethylendiamin bzw. Diethylentriamin in Wasser zugetropft. Das ausgefallene Polyamid wurde abfiltriert und anschließend bei Raumtemperatur im Vakuum über Phosphorpentoxid getrocknet. Das lösliche lineare Polyamid PA1 wurde zuvor aus Dimethylsulfoxid in Wasser umgefällt.

2.2.3 Polyester

Die Synthese eines linearen Polyesters PEa erfolgte durch Umsetzung von 4,4´-Azobis-(4-cyanovaleriansäurechlorid) (ACVCl) mit 4,4´-Dihydroxybiphenyl. Durch Cokondensation von 4,4´-Azobis-(4-cyanovaleriansäurechlorid) mit 1,3,5-Benzoltricarbonsäuretrichlorid sind ver-schiedene Polymere mit variierendem Azogruppengehalt zugänglich (PEb-e). Gleichzeitig ist durch Zusatz dieser trifunktionellen Verbindung eine Erhöhung des Vernetzungsgrades erreichbar. Die Synthese der Polyester ist in Abb. 2.4 dargestellt.

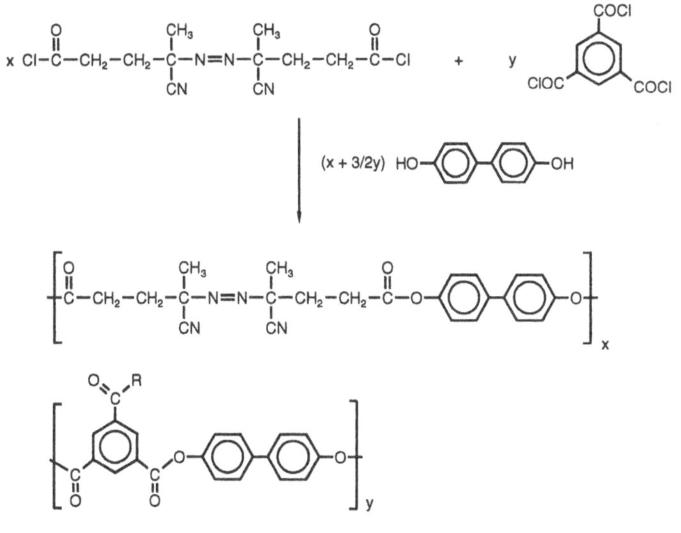

	PEa	PEb	PEc	PEd	PEe
x:y	10:0	9:1	8:2	7:3	5:5

Abb. 2.4: Synthese der Polyester PEa-e unter Variation von Vernetzungsgrad und Azogehalt

Zur Synthese der Polyester wurde zunächst eine Lösung von 4,4´-Dihydroxybiphenyl in Wasser vorgelegt. Anschließend wurden die in Methylenchlorid gelösten Säurechloride unter Lichtausschluß in der Vorlage dispergiert. An der Grenzfläche kommt es sofort zur Polymerbildung. Das entstandene Polymer wurde abfiltriert und anschließend bei Raumtemperatur im Vakuum über Phosphorpentoxid getrocknet. Der lösliche Polyester PEa wurden zuvor aus Dimethylformamid in Wasser umgefällt.

2.2.4 Polyharnstoff

Eine Alternative zu den Polyamiden und den Polyestern sind die Polyharnstoffe. Durch Umsetzung von 3,3´-Azobis-(3-cyanobutanisocyanat) (ACBI) mit Ethylendiamin im Zuge einer Grenzflächenpolyaddition wurde folgender linearer Polyharnstoff synthetisiert (Abb. 2.5).

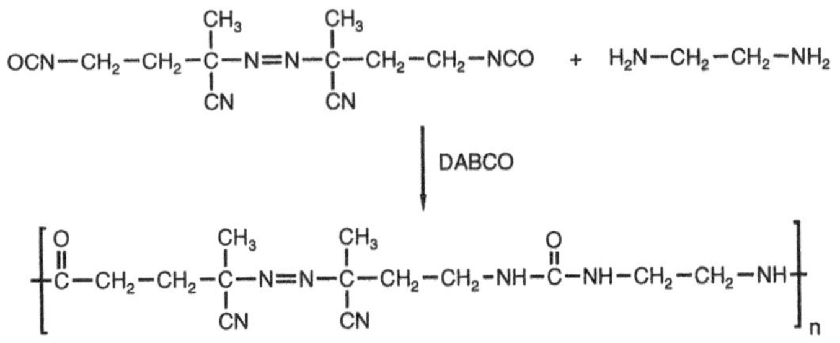

PH

Abb. 2.5: Synthese des linearen Polyharnstoffs PH

Zur Synthese wurde zunächst 3,3´-Azobis-(3-cyanobutanisocyanat) (ACBI) in Chloroform gelöst und anschließend unter Lichtausschluß in Wasser dispergiert. Die Polyadditionsreaktion wurde durch Zutropfen der Aminlösung eingeleitet. Durch Zusatz von Diazobicyclo(2.2.2)octan (DABCO) als Reaktionsbeschleuniger erhält man schon nach wenigen Stunden Polymere mit ausreichend hohen Molmassen. Der lösliche Polyharnstoff wurde aus Dimethylsulfoxid in Wasser umgefällt und nach Isolierung bei Raumtemperatur im Vakuum über Phosphorpentoxid getrocknet.

2.2.5 Polydiaryldiazosulfid

Eine weitere interessante thermo- und photolabile Polymerklasse stellen Polydiaryldiazosulfide dar. Sie unterscheiden sich von den bisher beschriebenen azogruppenhaltigen Polymeren dadurch, daß die Bildung der sehr labilen Gruppierung erst im letzten Schritt der Polymersynthese, nämlich durch eine Polyreaktion selbst, vollzogen wird. Die Integration der Diazosulfidgruppe in die Polymerhauptkette im Zuge einer modifizierten Grenzflächenpolykondensation gelang bereits in früheren Arbeiten [9] zur Synthese hochsensibler Photopolymere. Dort wurden ebenfalls erste Versuche zur Darstellung photolabiler Mikrokapseln auf Polydiaryldiazosulfidbasis unternommen.
Die Synthese von Polydiaryldiazosulfiden erfolgt durch Umsetzung von Bisdiazoniumionen und einem Dithiol (Abb. 2.6). Dabei gelang es, die sehr labilen Eigenschaften der entstehenden Polymere durch elektronenziehend substituierte Bisdiaryldiazosulfideinheiten im Polymerrückgrat zu vermindern. Die besten Ergebnisse wurden durch Verwendung von Bis-(3-aminophenyl)-sulfon bzw. dem daraus entstehenden Bisdiazoniumion und 1,3-Benzoldithiol erzielt [9].
Da die thermische Belastung von Polydiaryldiazosulfiden, wie auch bei anderen labilen Azoverbindungen zur Zersetzung unter Abspaltung von Stickstoff führt, sollte eine Anwendung als Hüllwandpolymer für thermosensitive Mikrokapseln getestet werden.

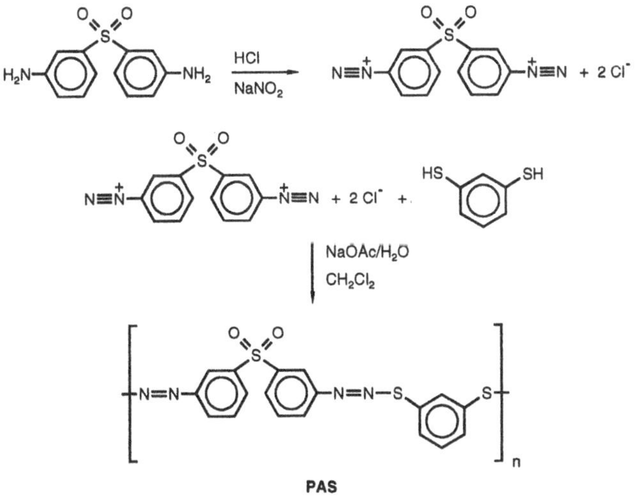

Abb. 2.6: Synthese von Polydiaryldiazosulfid PAS

Zur Synthese wurde zunächst eine Lösung von 1,3-Benzoldithiol in Methylenchlorid unter kräftigem Rühren in einer wäßrigen Natriumacetat-Pufferlösung dispergiert. Anschließend wurde das Bis-(3-aminophenyl)-sulfon in salzsaurer wäßriger Lösung diazotiert und zur Emulsion gegeben. An der Grenzfläche setzt sofort die Polykondensation ein, wobei der entstehende Chlorwasserstoff durch den Puffer abgefangen wird. Diese Polyreaktion muß bei niedrigen Temperaturen und unter Lichtausschluß durchgeführt werden, um eine ungewollte Zersetzung der labilen Diazosulfidgruppierung möglichst zu vermeiden. Nach beendeter Reaktion wird das gelbe Polymer in THF gelöst und filtriert, in Hexan umgefällt und anschließend bei Raumtemperatur im Vakuum vom Lösungsmittel befreit. Durch Filtration können unlösliche Netzwerke, die durch Nebenreaktionen der hochreaktiven Diazoniumionen, wie Azokupplung entstehen und eine Verringerung der Ausbeute zur Folge haben, entfernt werden.

2.2.6 Thermolyse der Azopolykondensate

Voraussetzung für eine sinnvolle Anwendung der Polykondensate als Mikrokapselhüllwand mit Sollbruchstellen ist ein angepaßtes thermisches Zersetzungsverhalten.
Zur Charakterisierung der thermischen Eigenschaften sämtlicher Polykondensate wurde ihre Thermolyse in Substanz untersucht. Als Untersuchungsmethoden eignen sich besonders die Differential Scanning Calorimetry (DSC) und die Thermogravimetrische Analyse (TGA).

2.2.6.1 Thermogravimetrische Analyse (TGA)

Bei der thermogravimetrischen Analyse wird der thermische Zerfall einer Verbindung anhand des temperaturaufgelösten Gewichtsverlustes beobachtet.
Abb. 2.7 zeigt exemplarisch am Polyamid PA2h eine typische TGA-Kurve. Die sogenannte Onset-Temperatur T_0 wird als Zersetzungsbeginn durch den Schnittpunkt angelegter Tangenten bestimmt.

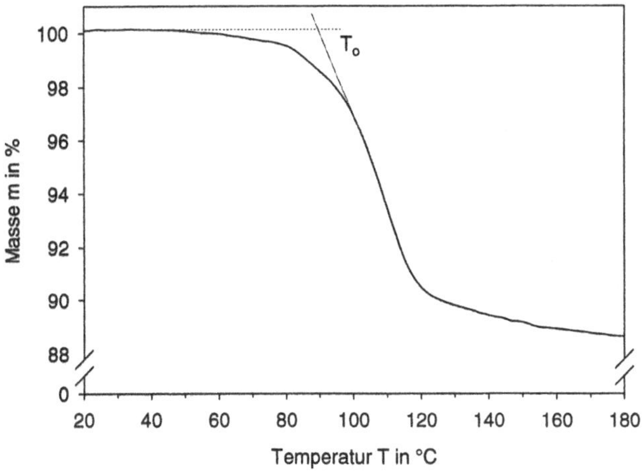

Abb. 2.7: Thermolyse von Polyamid PA2h in Substanz, TGA-Messung

Alle Verbindungen zersetzen sich exotherm unter Freisetzung von Stickstoff. Die Ergebnisse wurden für die in dieser Arbeit synthetisierten Polymere bestimmt und sind in Tab. 2.1 zusammengefaßt.

Tab. 2.1: T_0-Werte für die Thermolyse in Substanz, TGA-Messung

	PA1	PA2a	PA2b	PA2c	PA2d	PA2e	PA2f	PA2g	PA2h	PA3a	PA3b
T_0 in °C	93	90	90	89	91	90	94	89	93	93	94
	PEa	PEb	PEc	PEd	PEe	PH	PA6				
T_0 in °C	89	91	91	90	92	92	108				

Die TGA-Daten zeigen, daß die Zersetzungen der Polyester und Polyamide in demselben Temperaturbereich zwischen 89 °C und 94 °C beginnen. Auf der Basis dieser Daten haben Vernetzungsgrad oder Azogehalt der untersuchten Polymere keinen signifikanten Einfluß auf deren Thermolysestabilität in Substanz.

2.2.6.2 Differential Scanning Calorimetry (DSC)

Mit Hilfe der Differential Scanning Calorimetry können thermodynamische Übergänge, die mit einer Änderung kalorimetrischer Größen verbunden sind, sehr genau gemessen werden. Darunter fallen insbesondere Enthalpieänderungen im Zuge einer exothermen Zersetzung. Die exotherme Zersetzung kann dabei temperaturaufgelöst über die Änderung des Wärmeflusses in der Probe gemessen werden. In Abb. 2.8 ist die DSC-Kurve für das Polyamid PA2h dargestellt.

Die Temperatur T_{max}, bei der die Zersetzungskurve einen Extremwert durchläuft, kann für einen Vergleich der Thermostabilitäten der Polykondensate untereinander herangezogen werden.

.

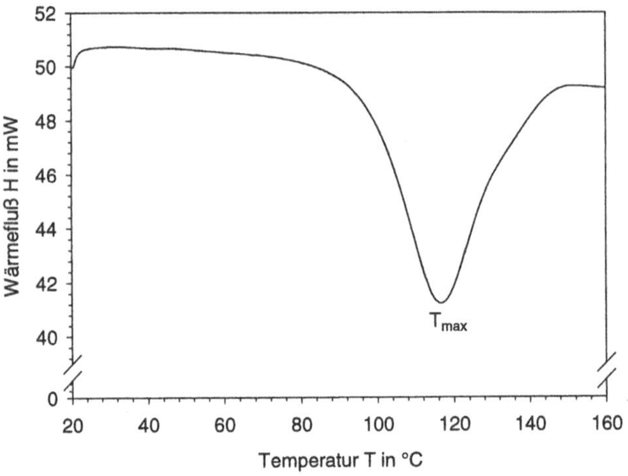

Abb. 2.8: Thermolyse von Polyamid PA2h in Substanz, DSC-Messung

In Tab. 2.2 sind die gemessenen Zersetzungstemperaturen T_{max} der in dieser Arbeit hergestellten Polymere gegenübergestellt.

Tab. 2.2: T_{max}-Werte für die Thermolyse in Substanz, DSC-Messung (Heizrate: 10 $Kmin^{-1}$)

	PA1	PA2a	PA2b	PA2c	PA2d	PA2e	PA2f	PA2g	PA2h	PA3a	PA3b
T_{max} in °C	117	115	113	115	116	117	115	116	116	117	117
	PEa	**PEb**	**PEc**	**PEd**	**PEe**	**PH**	**PAS**				
T_{max} in °C	117	118	121	120	122	114	124				

In Übereinstimmung mit den Ergebnissen aus der TGA-Messungen kann auch mit Hilfe der DSC-Daten keine signifikante Abhängigkeit der Stabilität vom Vernetzungsgrad oder dem Azogehalt festgestellt werden.

2.2.7 Bestimmung des Azogehaltes von Azopolykondensaten mittels DSC

Anhand der Polyamide PA2a-PA2h sowie der Polyester PEa-PEe soll die Übereinstimmung von tatsächlichem Azogehalt und theoretischem Azogehalt in den Polykondensaten geprüft werden [2, 6].
Für die Konzentrationsbestimmung der Azogruppen im Polymeren können Methoden wie ^{1}H-NMR, Elementaranalyse und UV-Messungen herangezogen werden. Diese setzen jedoch meist ausreichend hohe Azokonzentrationen, Löslichkeit der Polymere bzw. störungsfreie UV-Absorptionen im Meßbereich der Azobande voraus. Die Differential Scanning Calorimetry stellt daher aufgrund der geringen Mengen der benötigten Proben, die in Substanz vermessen werden, eine gute Alternative dar [23].
Geht man von einem ideal statistischen Einbau der Azokomponente aus, kann der theoretische Azogehalt in den Copolymeren nach Gl. 2.3 berechnet werden.

$$X_{th} = \frac{M_x \cdot x}{(M_x \cdot x) + (M_y \cdot y)} \cdot 100\% \qquad \text{Gl. 2.3}$$

X_{th}: theoretischer Azogehalt
M_x: Molmasse des azohaltigen Monomeren
M_y: Molmasse des azofreien Monomeren
x: (molare) Konzentration von 4,4´-Azobis-(4-cyanovaleriansäurechlorid)
y: (molare) Konzentration von Terephthalsäuredichlorid für PA2a-PA2h
(molare) Konzentration von 1,3,5-Benzoltricarbonsäuretrichlorid für PEa-PEe

Bei der Thermolyse von Azoverbindungen wird die exotherme Wärmetönung in Abhängigkeit von der Zeit gemessen. Die Gesamtfläche eines exothermen Zersetzungspeaks, normiert auf die Masse, ist damit dem Azogehalt der Verbindung direkt proportional. Der tatsächliche Gehalt der Azokomponente in den Copolymeren ist durch das Verhältnis der Zersetzungsenthalpien der Cokondensate mit variierendem Azogehalt zu den Homokondensaten mit 100 % Azogehalt in einer Struktureinheit gegeben Gl. 2.4.

.

$$X_{gem} = \frac{\Delta H_{Coko}}{\Delta H_{Hoko}} \cdot 100\% \qquad \text{Gl. 2.4}$$

X_{gem}: gemessener Azogehalt in % im Copolymer
ΔH_{Coko}: Zersetzungsenthalpie der Cokondensate
ΔH_{Hoko}: Zersetzungsenthalpie der Homokondensate

Die theoretischen und tatsächlichen Azogehalte der Modellpolymeren sind in Tab. 2.3 zusammengefaßt und werden in Abb. 2.9 miteinander verglichen.

Tab. 2.3: Theoretischer Azogehalt X_{th} und gemessener Azogehalt X_{gem} der Polyamide PA2a-PA2h und Polyester PEa-PEe

Polymer	x:y	X_{th} in %	$-\Delta H$ in $J \cdot g^{-1}$	X_{gem} in %
PA2a	10:0	100	630	100
PA2b	9,5:0,5	97	599	95
PA2c	9:1	94	578	92
PA2d	8,5:1,5	90	546	87
PA2e	8:2	86	524	83
PA2f	7,5:2,5	83	504	80
PA2g	7:3	79	453	72
PA2h	5:5	61	365	58
PEa	10:0	100	313	100
PEb	9:1	91	258	88
PEc	8:2	83	244	78
PEd	7:3	74	213	69
PEe	5:5	54	150	47

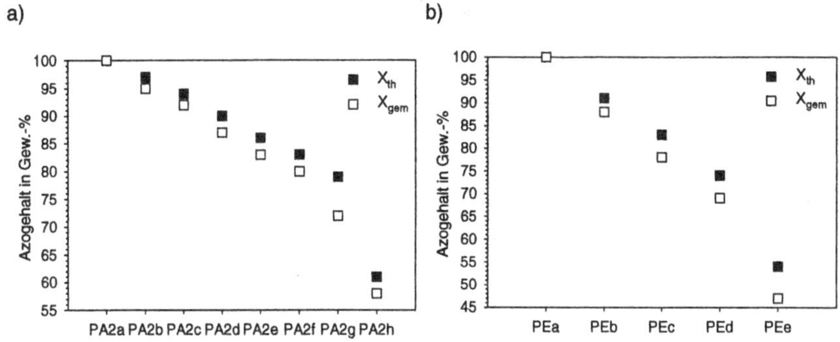

Abb. 2.9: Theoretischer Azogehalt X_{th} und gemessener Azogehalt X_{gem} für a) Polyamide und b) Polyester

Die Graphen zeigen bei den Polyamiden eine gute Übereinstimmung des gemessenen Azogehalts X_{gem} mit dem berechneten Azogehalt X_{th}, während sich diese Werte bei den Polyestern etwas stärker unterscheiden. Ungenauigkeiten bei der DSC-Messung können zu solchen Differenzen führen.

Als Folge dieser Ergebnisse kann stets von einer weitgehenden Übereinstimmung des theoretischen mit dem tatsächlich erzielten Azogehalt ausgegangen werden. Gl. 2.3 kann daher auch im Hinblick auf die Synthese der Mikrokapseln zur Berechnung des Azogehaltes verwendet werden.

3 Thermolabile Mikrokapseln

Das folgende Kapitel beschreibt die Synthese von thermolabilen Mikrokapseln mit radikalisch polymerisierbarem Kerninhalt.
Im Hinblick auf die Verwendung als polymeren Binder in keramischen Werkstoffen werden verschiedene radikalisch polymerisierbare Monomere bezüglich ihrer Eignung als Kernmaterial bei der Kapselsynthese getestet. Zur Freisetzung des Kapselinhaltes ist die thermische Öffnung der Kapseln erforderlich. Hierfür stehen die in Kapitel 2.2 beschriebenen azohaltigen Modellpolymere zum Aufbau der Mikrokapselhüllwand zur Verfügung. Durch die bei der Thermolyse unter Abspaltung von molekularem Stickstoff entstehenden Radikale soll diese azohaltige Hüllwand gleichzeitig als Makroinitiator für den austretenden Kapselinhalt fungieren.

3.1 Verkapselungsbedingungen

Die Synthese der Mikrokapseln erfolgt durch Grenzflächenpolykondensation bzw. -addition (vgl. Kap. 2.2.1, S. 27), da sich diese Methode aufgrund ihres einfachen Prinzips und des vergleichsweise geringen apparativen Aufwands für Laborversuche anbietet.
Zunächst wird aus einer wäßrigen und einer organischen Phase mit Hilfe eines Dispergiermittels eine Dispersion hergestellt. Die tröpfchenförmig und später als Kapselinhalt vorliegende Phase wird als Kontinuum, die umgebende Phase als Flotte bezeichnet.
Es sind zwei Arten der Phasenverteilung möglich:

- Mikrokapseln mit organischem Kontinuum und wäßriger Flotte
- Mikrokapseln mit wäßrigem Kontinuum und organischer Flotte
  (inverse Mikrokapseln)

Beide Phasen enthalten zum Aufbau der Hüllwand mehrfunktionelle Reaktionspartner, die sich im Lösungsverhalten unterscheiden und von denen mindestens einer eine Azogruppe als thermolabilen Baustein trägt.
Die Reaktion setzt an der Tröpfchengrenzfläche spontan ein. Dadurch können bei entsprechend langsamer Zugabe die Reaktionspartner beider Phasen sofort miteinander abreagieren. Die Kondensation kann bei Raumtemperatur durchgeführt werden, so daß keine Gefahr einer vorzeitigen Zersetzung der thermolabilen Reaktionspartner besteht. Die fertigen Mikrokapseln fallen als Dispersion an, die auch als Slurry bezeichnet wird.

3.1.1 Mikrokapseln mit organischem Kontinuum

Zur Synthese von Mikrokapseln wird z.B. ein in einem organischen, nicht mit Wasser mischbaren Lösungsmittel gelöstes Disäurechlorid oder Diisocyanat in einer wäßrigen Dispergiermittellösung (z.B. Polyvinylalkohol PVA) dispergiert (Öl-in-Wasser-Emulsion) (Abb. 3.1). Nach Zugabe eines wasserlöslichen Monomeren (z.B. Diamin, Diol) kommt es an der Tröpfchengrenzfläche zu einer Polykondensations- bzw. Polyadditionsreaktion. Die Reaktionsgeschwindigkeit wird dabei zunächst durch den Transport der wasserlöslichen Komponente in die innere organische Phase bestimmt. Es bildet sich eine dünne Hüllwand, deren Anwachsen nun durch die Diffusion der wasserlöslichen Komponente durch die Polymerschicht limitiert wird [73, 74].

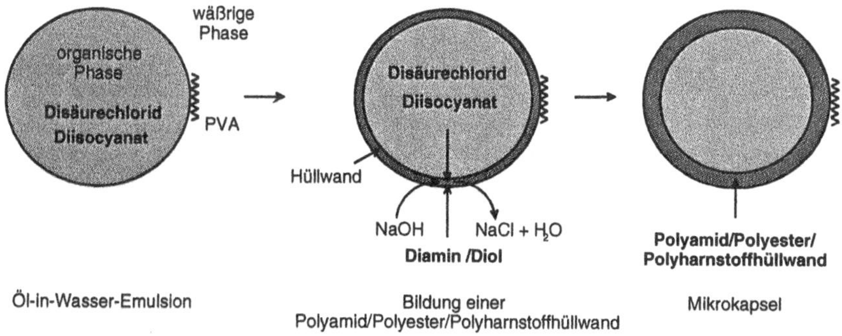

Abb. 3.1: Mikrokapselbildung durch Grenzflächenpolykondensation am Beispiel einer Polyamid- Polyester- bzw. Polyharnstoffhüllwand

Alle in dieser Arbeit durchgeführten Mikroverkapselungen wurden nach einem bekannten und mehrfach angewendeten Verfahren durchgeführt. Hierfür wurden jeweils folgende drei Lösungen vorbereitet:

Dispergiervorlage: Zur Stabilisierung der Tröpfchen diente eine wäßrige Dispergiermittellösung (Polyvinylalkohol).

Monomerlösung A: Die organisch löslichen Komponenten (z.B. Disäurechlorid, Diisocyanat) wurden unter Feuchtigkeitsausschluß in der organischen Phase gelöst und die Lösung wurde anschließend filtriert. Zur Synthese von Mikrokapseln mit radikalisch polymerisierbarem Monomer als Kapselinhalt wurde das Monomer als organisches Lösungsmittel ohne Zusatz eines weiteren Lösungsmittels eingesetzt.

Monomerlösung B: Die wasserlöslichen Komponenten (z.B. Diamin, Diol) wurden in Wasser gelöst und die Lösung wurde vor dem Einsatz filtriert. Für die Synthese einer Polyamid- oder Polyesterhüllwand wurde eine stöchiometrische Menge an NaOH zum Neutralisieren des bei der Reaktion von Disäurechlorid mit Diamin oder Diol entstehenden Chlorwasserstoffs eingesetzt. Da die Diffusion dieses kleinen Moleküls durch die Polymerhüllwand schneller als die Diffusion der größeren Amin- bzw. Alkoholmoleküle erfolgt, ist davon auszugehen, daß die Neutralisation sofort stattfindet. Zur Umsetzung von Isocyanaten mit Aminen wurde eine katalytisch wirkende Menge des Reaktionsbeschleunigers Diazabicyclo(2.2.2)octan (DABCO) zugesetzt.

3.1.2 Mikrokapseln mit wäßrigem Kontinuum

Umgekehrt ist es natürlich auch möglich mit Hilfe der in der Literatur beschriebenen *inversen Mikroverkapselung* wasserhaltige Mikrokapseln in einer organischen Flotte darzustellen [75-77].

Hierfür wird die wäßrige Phase mit der wasserlöslichen Komponente in einer organischen Dispergiervorlage dispergiert und anschließend die im organischen Lösungsmittel gelöste zweite Komponente langsam zugegeben. Für die inverse Mikroverkapselung wurden folgende drei Lösungen vorbereitet:

Dispergiervorlage:	Zur Stabilisierung der Tröpfchen wurde ein in einem organischen Lösungsmittel gelöstes Dispergiermittel (Span 60®) verwendet.
Monomerlösung A:	Die wasserlöslichen Komponenten (z.B. Diamin, Diol, zu verkapselndes Monomer) wurden in Wasser gelöst und die Lösung wurde anschließend filtriert.
Monomerlösung B:	Die organisch löslichen Komponenten (z.B. Disäurechlorid, Diisocyanat) wurden unter Feuchtigkeitsausschluß in der organischen Phase gelöst und die Lösung wurde vor dem Einsatz filtriert.

3.1.3 Synthese der Mikrokapseln

Für die Mikrokapselsynthese wurde ein spezieller Reaktor verwendet, der schematisch in Abb. 3.2 dargestellt ist.

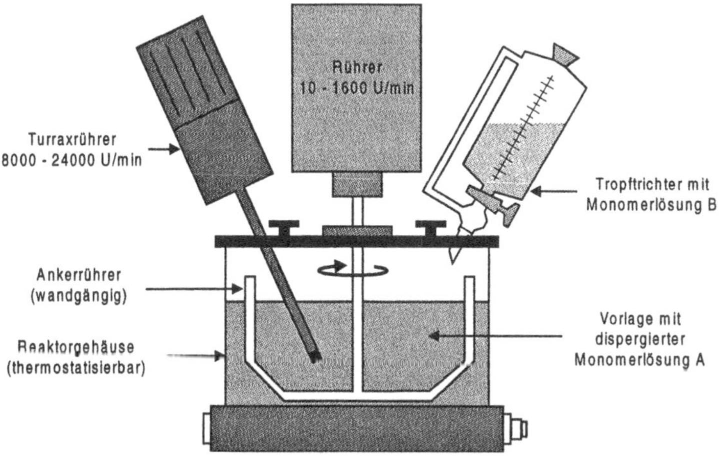

Abb. 3.2: Mikroverkapselungsreaktor

Zur Synthese der Kapseln wurde zunächst eine Öl-in-Wasser- bzw. eine Wasser-in-Öl-Emulsion hergestellt. Hierfür wurde Monomerlösung A mit einem Ultraturraxrührer mit hoher Umdrehungszahl (24000 $U\cdot min^{-1}$) in der im Reaktorblock vorliegenden Dispergiervorlage dispergiert. Dabei bildeten sich durch das Dispergiermittel stabilisierte Tröpfchen. Nach dem Ausschalten des Turraxrührers wurde der Ankerrührer (450 $U\cdot min^{-1}$) eingeschaltet. Durch das Zutropfen von Monomerlösung B über einen Tropftrichter wurde die Verkapselung eingeleitet. Anschließend wurde die Mikrokapseldispersion mit dem Ankerrührer gerührt, bis erfahrungsgemäß die Hüllwandbildung abgeschlossen ist. Dies wurde jeweils mit Hilfe mikroskopischer Untersuchungen des Reaktionsgemisches überprüft.

3.2 Mikrokapseln mit Polyamidhüllwänden

Das folgende Kapitel beschäftigt sich mit verschiedenen Parametern, die für die Synthese von thermolabilen Mikrokapseln mit radikalisch polymerisierbarem Kerninhalt relevant sind. Dies geschieht am Beispiel von Mikrokapseln mit Polyamidhüllwänden.

Für die thermische Freisetzung des Kapselinhaltes sind nicht nur die Zersetzungstemperaturen der azohaltigen Polymere relevant, sondern es müssen auch Azogehalt, Vernetzungsgrad und Dicke der Hüllwand berücksichtigt werden. Für die Optimierung des Prozesses sollen diese Parameter variiert und ihr Einfluß auf die Kapselöffnung anhand der thermischen Freisetzung des Azofarbstoffs Resohn-Rot geprüft werden. Außerdem soll eine geeignete Auswahl verschiedener radikalisch polymerisierbarer Monomere als Kapselinhalt getroffen werden.

Tab. 3.1 gibt eine Übersicht der synthetisierten Mikrokapseln mit Polyamidhüllwand. Sie werden in den jeweiligen Kapiteln genauer erläutert. Eine ausführlichere Zusammenfassung sämtlicher Mikrokapselansätze befindet sich im Anhang dieser Arbeit.

Tab. 3.1: Mikrokapselansätze für Mikrokapseln mit Polyamidhüllwand

Ansatz	Säurechloride	Amin	Kapselinhalt
MK1-PA	TSDCl	DETA	Toluol
MK2-PA	TSDCl	DETA	1,2-Dichlorbenzol
MK3-PA	ACVCl/TSDCl	DETA	Diisopropylnaphthalin (KMC)
MK4-PA	ACVCl	DETA	1,2-Dichlorbenzol/Resohn-Rot
MK5-PA	ACVCl/TSDCl	DETA	1,2-Dichlorbenzol/Resohn-Rot
MK6-PA	ACVCl/BTCTCl	DETA	1,2-Dichlorbenzol/Resohn-Rot
MK7-PA	ACVCl/TSDCl	DETA	Styrol
MK8-PA	ACVCl/TSDCl	DETA	4-Chlorstyrol
MK9-PA	ACVCl/TSDCl	DETA	n-Butylmethacrylat
MK10-PA	ACVCl/TSDCl	DETA	n-Hexylmethacrylat
MK11-PA	ACVCl/TSDCl	DETA	2-Ethylhexylmethacrylat
MK12-PA	ACVCl/TSDCl	DETA	Cyclohexylmethacrylat
MK13-PA	ACVCl/TSDCl	DETA	Benzylmethacrylat
MK14-PA	TSDCl	DETA	Acrylamid/Wasser
MK15-PA	TSDCl	DETA	Methacrylamid/Wasser
MK16-PA	ACVCl/TSDCl	DETA	Styrol/AIBN

ACVCl: 4,4´-Azobis-(4-cyanovaleriansäurechlorid)
TSDCl: Terephthalsäuredichlorid
BTCTCl: 1,3,5-Benzoltricarbonsäuretrichlorid
DETA: Diethylentriamin
AIBN: 2,2´-Azobis(isobutyronitril)

3.2.1 Parameter zur Synthese von Mikrokapseln mit Polyamidhüllwänden

Zunächst wurden zur Optimierung verschiedener Versuchsparameter nichtazohaltige Mikrokapseln mit Polyamidhüllwänden und organischem Kontinuum nach dem in Kapitel 3.1.3 beschriebenen Verfahren synthetisiert.
Hierfür wurde Terephthalsäuredichlorid als Säurechloridkomponente verwendet, als organische Phasen dienten Toluol, 1,2-Dichlorbenzol bzw. Diisopropylnaphthalin (MK1-PA-MK3 - PA). Im Hinblick auf die Synthese vernetzter und somit weitgehend undurchlässiger Mikrokapseln wurde Diethylentriamin (DETA) als Aminkomponente eingesetzt.

Die Synthese thermolabiler Mikrokapseln mit azohaltigen, vernetzten Polyamidhüllwänden (MK5-PA-MK16-PA) erfolgte durch Reaktion von 4,4´-Azobis-(4-cyanovaleriansäurechlorid) (ACVCl) mit Diethylentriamin (DETA).

Der Einsatz von weiteren Säurechloridkomponenten zur Variation des Vernetzungsgrades bzw. des Azogehaltes der Mikrokapselhüllwände wird in Kapitel 3.2.1.2 und Kapitel 3.2.1.3 erläutert. Die Berechnung des Azogehaltes erfolgte nach der in Kapitel 2.2.7 beschriebenen Gl. 2.3. Sämtlichen Reaktionen liegen die in Kapitel 2.2.2 beschriebenen Reaktionsgleichungen zugrunde.

3.2.1.1 Dispergiermittel

Für die erfolgreiche Synthese von Mikrokapseln ist die Stabilisierung von Dispersionströpfchen während des Dispergiervorganges Vorraussetzung [78, 79].
Die Stabilisierung erfolgt durch Zusatz von oberflächenaktiven Substanzen, die an der Tröpfchengrenzfläche adsorbieren. Entscheidend für die Zuordnung der zwei Phasen in der Dispersion ist nicht das Mengenverhältnis beider Lösungsmittel, sondern ausschließlich das verwendete Dispergiermittel. Dieses Dispergiermittel hat folgende Funktionen:

- Verhinderung der Koaleszenz der Tröpfchen aufgrund sterischer Abstoßkräfte
- Reduzierung der Grenzflächenspannung zwischen zwei flüssigen Phasen wodurch eine Zerkleinerung der Tröpfchen ermöglicht wird
- Verhinderung der vorzeitigen Hydrolyse des Disäurechlorids durch Stabilisierung der Dispersion

Als Dispergiermittel wurde für alle Mikrokapselansätze mit organischem Kernmaterial der nichtionische Polyvinylalkohol (PVA) gewählt. Seine Oberflächenaktivität hängt stark vom Hydrolysierungsgrad und dem Molekulargewicht ab. Frühere Arbeiten zeigten bereits, daß Polyvinylalkohol mit $M_n = 15000\ g \cdot mol^{-1}$ und einem Hydrolysierungsgrad von 86-89 % für die Mikrokapselsynthese geeignet ist [6]. Sein Anteil in der wäßrigen Dispergiervorlage betrug jeweils 2 Gew.-%.
Zur Synthese inverser Mikrokapeln hat sich Span 60® (Abb. 3.3) als besonders vorteilhaft erwiesen. Span 60® ist ein Sorbitanmonostearat, d.h. ein mit einer Fettsäure verestertes zyklisiertes Sorbit und wurde als 2 Gew.-%ige organische Lösung in Toluol eingesetzt.

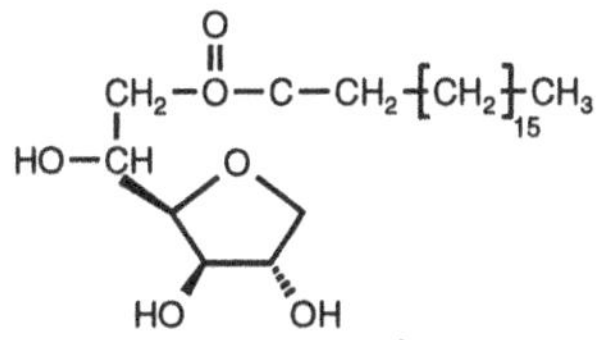

Abb. 3.3: Sorbitanmonostearat, Span 60®

3.2.1.2 Variation des Vernetzungsgrades der Hüllwand

Der Vernetzungsgrad der Hüllwand hat entscheidenden Einfluß auf die Stabilität und Dichtigkeit der Mikrokapseln. Mit Diethylentriamin als Aminkomponente können vernetzte Hüllwandpolymere synthetisiert werden, die in gängigen Lösungsmitteln völlig unlöslich sind und das enthaltene Kernmaterial langfristig und dicht gegenüber der Umgebung abkapseln sollen.
Eine weitere Erhöhung des Vernetzungsgrades gelingt durch Cokondensation von 4,4′-Azobis-(4-cyanovaleriansäurechlorid) mit dem trifunktionellen 1,3,5-Benzoltricarbonsäuretrichlorid. Zum Vergleich wurden Mikrokapseln mit niedrigerem Vernetzungsgrad, durch den Einsatz von nur bifunktionellem Terephthalsäuredichlorid als zweite Säurechloridkomponente, synthetisiert. Die Daten der Mikrokapselansätze sind in Tab. 3.2 gezeigt.

Tab. 3.2: Variation des Vernetzungsgrades der Hüllwand

Ansatz	ACVCl in Mol-%	TSDCl in Mol-%	BTCTCl in Mol-%	Azogehalt in Gew.-%
MK6-PAa	80	20	-	83
MK5-PAa	80	-	20	86

ACVCl: 4,4′-Azobis-(4-cyanovaleriansäurechlorid)
TSDCl: Terephthalsäuredichlorid
BTCTCl: 1,3,5-Benzoltricarbonsäuretrichlorid

Als Kernmaterial wurde 1,2-Dichlorbenzol unter Zusatz des Azofarbstoffes Resohn-Rot (Abb. 3.4) gewählt. Dadurch wird eine UV/VIS-spektroskopische Verfolgung des bei der Thermolyse austretenden Kapselinhaltes ermöglicht. Die Durchführung der Thermolyseuntersuchungen, sowie ihre Ergebnisse sind in Kapitel 3.2.2 bzw. Kapitel 3.2.2.2 beschrieben.

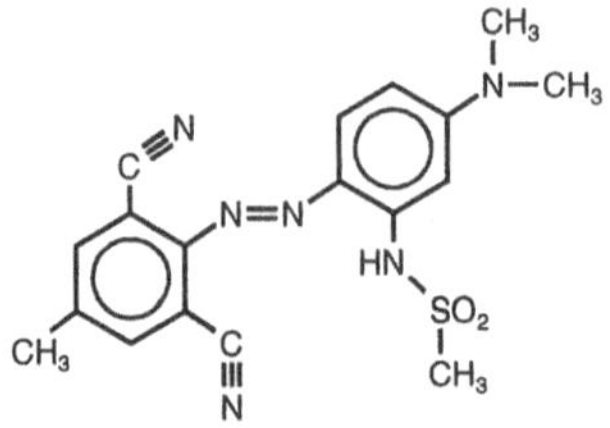

Abb. 3.4: Resohn-Rot

3.2.1.3 Variation des Azogehaltes in der Hüllwand

Das Aufbrechen der Kapselhüllwand während des Thermolysevorganges ist von der Art des Polymeren, aber auch von der Anzahl der als Sollbruchstellen dienenden Azogruppen abhängig. Bei der Synthese thermolabiler Mikrokapseln spielt somit die Frage, wieviele Azogruppen zur Freisetzung des Kapselinhaltes in der Hüllwand notwendig sind, eine wichtige Rolle. Unter Annahme eines idealisierten Modells reicht bereits eine Azogruppe aus, um ein Platzen der Kapseln zu ermöglichen, so daß die Beimengung von nichtazohaltigen Komponenten den Thermolyseprozeß nicht stören sollte.

Die Anzahl der Sollbruchstellen ist analog den in Kapitel 2.2.2 beschriebenen Modellpolymeren durch Copolykondensation der azohaltigen Säurechloridkomponente mit einer zusätzlichen nichtazohaltigen Säurechloridkomponente einstellbar. Daher wurde eine Versuchsreihe durchgeführt, in der zur Synthese von Mikrokapseln mit Polyamidhüllwänden 4,4´-Azobis-(4-cyanovaleriansäurechlorid) und 1,3,5-Benzoltricarbonsäuretrichlorid in unterschiedlichen molaren Verhältnissen eingesetzt wurden. Die Daten der einzelnen Ansätze sind in Tab. 3.3 zusammengefaßt.

Tab. 3.3: Variation des Azogehaltes der Polyamidhüllwand

Ansatz	**ACVCl in Mol-%**	**BTCTCl in Mol-%**	**Azogehalt in Gew.-%**
MK4-PA	100	-	100
MK6-PAa	80	20	86
MK6-PAb	50	50	54

ACVCl: 4,4´-Azobis-(4-cyanovaleriansäurechlorid)
BTCTCl: 1,3,5-Benzoltricarbonsäuretrichlorid

Als Kapselinhalt wurde 1,2-Dichlorbenzol gewählt. Zur UV/VIS-spektroskopischen Verfolgung der thermischen Freisetzung des Kapselinhaltes wurde der organischen Phase wiederum der Azofarbstoff Resohn-Rot zugesetzt. Die Ergebnisse der Thermolyseuntersuchungen werden in Kapitel 3.2.2.3 beschrieben.

3.2.1.4 Variation der Hüllwanddicke

Die Stabilität und Undurchlässigkeit einer Mikrokapsel wird neben dem Vernetzungsgrad auch von ihrer Hüllwanddicke, deren Berechnung im folgenden erläutert wird, beeinflußt.
Bei den Verkapselungsverfahren werden Kernmaterial K und Wandmaterial W in einem bestimmten Gewichtsverhältnis eingewogen. Mit Hilfe dieses Gewichtsverhältnisses W_W/W_K kann die Wanddicke der Mikrokapseln unter Berücksichtigung der spezifischen Kapselradien bestimmt werden (Abb. 3.5, Gl. 3.1). Die Berechnung erfolgt unter idealisierten Bedingungen, d.h. Annahme einer kugelförmigen Gestalt der mit Flüssigkeit gefüllten Mikrokapseln und einer einheitlichen Kapselgröße [29].

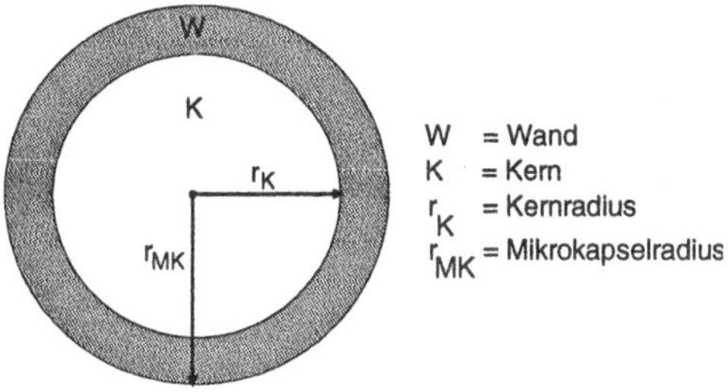

Abb. 3.5: Querschnitt einer idealisierten Mikrokapsel

$$\frac{W_W}{W_K} = \frac{\frac{4}{3}\pi \cdot (r_{MK}^3 - r_K^3) \cdot \rho_W}{\frac{4}{3}\pi \cdot r_K^3 \cdot \rho_K} \qquad \text{Gl. 3.1}$$

W_W/W_K: Gewichtsverhältnis von Wand- zu Kernmaterial
ρ_W: Dichte vom Wandmaterial
ρ_K: Dichte vom Kernmaterial

Unter Annahme gleicher Dichten von Kapselinhalt und Wandmaterial ($\rho_W = \rho_K$) kann die Wanddicke dw nach Gl. 3.2 berechnet werden.

$$dw = r_{MK} - r_K = \left[\left(\frac{W_W}{W_K} + 1\right)^{\frac{1}{3}} - 1\right] \cdot r_K \qquad \text{Gl. 3.2}$$

dw: Wanddicke der Mikrokapseln

Nach dieser Gleichung erhält man für Polyamid-Mikrokapseln mit 1,2-Dichlorbenzol als Kapselinhalt (MK2-PA) deren mittlerer Durchmesser 1,78 µm beträgt, unter Zuhilfenahme der Daten im Experimentalteil dieser Arbeit, eine Hüllwanddicke von ca. 12 nm. Der Kapseldurchmesser wurde mittels Lasergranulometrie bestimmt (vgl. Kap. 3.4.2, S. 67). Da jedoch als Kapselradius das Zahlenmittel eingesetzt wird, kann als Ergebnis für die Berechnung der Wanddicke nur ein gemittelter Wert angegeben werden.
Aufgrund der vereinfachenden Annahmen geben die berechneten Kapselwanddicken nur grob genäherte Werte wieder. Daher ist es günstiger den Hüllwandanteil als Gewichtsverhältnis von Wandmaterial zur Summe von Wandmaterial und Kernmaterial anzugeben.
Zur Untersuchung des Einflusses dieses Hüllwandanteils auf die Freisetzung des Kapselinhaltes durch Thermolyse wurden Mikrokapseln mit zwei verschiedenen Hüllwandanteilen synthetisiert, deren Zusammensetzungen in Tab. 3.4 aufgeführt sind. Beide Ansätze besitzen einen 83 Gew.-%igen Azogehalt.

Tab. 3.4: Variation des Hüllwandanteils

Ansatz	**ACVCl in Mol-%**	**BTCTCl in Mol-%**	**Hüllwandanteil in Gew.-%**
MK6-PAa	80	20	4,6
MK6-PAc	80	20	4,0

ACVCl: 4,4´-Azobis-(4-cyanovaleriansäurechlorid)
BTCTCl: 1,3,5-Benzoltricarbonsäuretrichlorid

Als Kernmaterial wurde wieder 1,2-Dichlorbenzol unter Zusatz des Azofarbstoffes Resohn-Rot gewählt. Die Ergebnisse der Thermolyseuntersuchungen sind in Kapitel 3.2.2.4 beschrieben.

3.2.2 Thermolyse der Mikrokapseln

Nach der Synthese der farbstoffhaltigen Mikrokapseln (MK4-PA, MK5-PAa, MK6-PAa,b) ist nun die thermische Öffnung der Kapseln in Lösung zu untersuchen. Für die Freisetzung des Farbstoffes war es notwendig, die wäßrige Flotte gegen ein hochsiedendes organisches Dispergiermedium, in dem auch der Farbstoff löslich ist, auszutauschen. Aus diesem Grund wurden die Mikrokapseln abzentrifugiert und in Phthalsäuredibutylester (Sdp. 340 °C) redispergiert.

Einen optischen Eindruck der thermischen Zersetzung kann man mit dem Lichtmikroskop erhalten (Abb. 3.6). Dazu wurden Mikrokapseln mit einem 100 Gew.-%igen Azogehalt (MK4-PA) zwischen zwei Objektträger gebracht, auf einem Heiztisch ca. 10 s thermolysiert und anschließend im Lichtmikroskop betrachtet.

a) b)

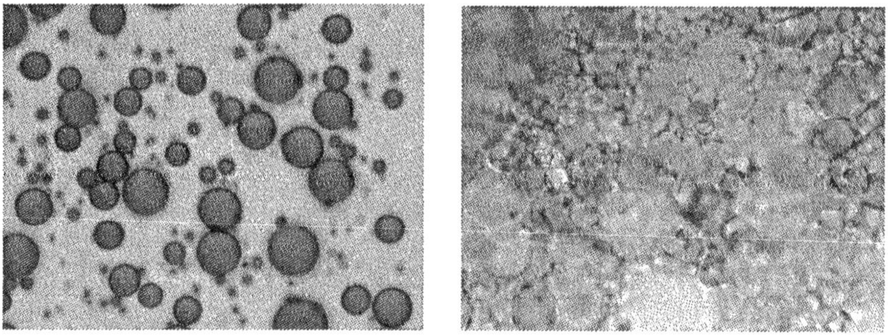

Abb. 3.6: Thermolyse farbstoffgefüllter Mikrokapseln
a) Mikrokapseln bei Raumtemperatur
b) Mikrokapseln nach Thermolyse bei 100 °C

Abb. 3.6a zeigt die farbstoffgefüllten Mikrokapseln bei Raumtemperatur. Während des Thermolysevorganges kommt es auf Grund der thermischen Bewegung zur Agglomeration der Kapseln. Die Kapseln brechen auf und der Farbstoff tritt aus, so daß in Abb. 3.6b, die aufgrund der schwierigen Probenpräparation keine kontrastreichere Darstellung erlaubt, hauptsächlich leere und deformierte Mikrokapseln zu erkennen sind.

Zur Untersuchung der Farbstofffreisetzung in Abhängigkeit verschiedener Parameter wie Thermolysetemperatur, Vernetzungsgrad und Azogehalt der Hüllwand eignet sich sehr gut die UV/VIS-Spektroskopie. Nach dem LAMBERT-BEERschen Gesetz Gl. 3.3 besteht für verdünnte Lösungen eine direkte Beziehung zwischen der Konzentration einer absorbierenden Verbindung und deren meßbarem Absorptionsvermögen A bei λ_{max} [80].

$$A = \log\frac{I_0}{I} = \varepsilon \cdot c \cdot d \qquad \text{Gl. 3.3}$$

A: Absorptionsvermögen
I_0: Intensität des einfallenden Lichtstrahls
I: Intensität des austretenden Lichtstrahls
ε: Absorptionskoeffizient in $L \cdot mol^{-1} \cdot cm^{-1}$
c: Konzentration in $mol \cdot L^{-1}$
d: Schichtdicke der Probe in cm

Nach dem Start der Thermolyse wurde die Konzentration des ausgetretenen Farbstoffes Resohn-Rot, der in Phthalsäuredibutylester ein Absorptionsmaximum λ_{max} bei 526 nm aufweist, UV/VIS-spektrometrisch durch zeitabhängige Absorptionsmeßreihen ermittelt. Dazu wurden in bestimmten Zeitabständen Proben gezogen, von Feststoffanteilen abfiltriert und im UV/VIS-Spektrometer vermessen.
Abb. 3.7 zeigt exemplarisch die zeitliche Veränderung der Absorptionsbanden bei λ_{max} des freigesetzten Farbstoffs für Mikrokapseln mit einem Azogehalt von 54 Gew.-% (MK6-PAa). Die Thermolysetemperatur betrug 80 °C.

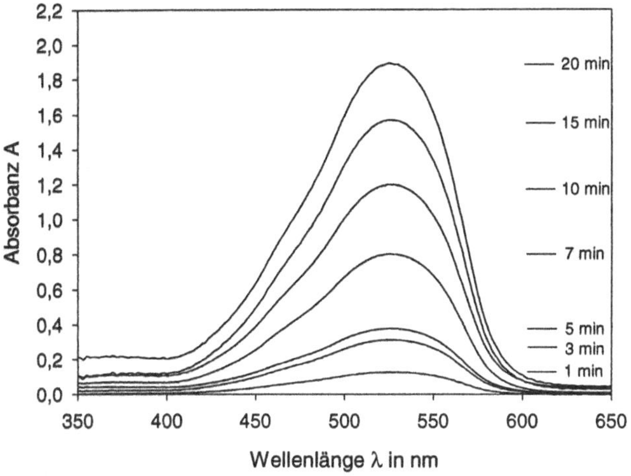

Abb. 3.7: UV/VIS-Spektren des freigesetzten Farbstoffs Resohn-Rot in 1,2-Dichlorbenzol nach der Thermolyse von MK6-PAb bei 80 °C nach unterschiedlichen Zeitabständen

Für eine qualitative Beurteilung des Thermolyseverlaufs in Abhängigkeit verschiedener Parameter bietet sich in den folgenden Kapiteln eine Auftragung der freigesetzten Farbstoffkonzentration in % gegen die Thermolysezeit an. Zur Bestimmung der hierfür erforderlichen maximal freisetzbaren Farbstoffkonzentration wurde die Mikrokapseldispersion jeweils 24 h lang auf 120 °C erhitzt.

3.2.2.1 Variation der Thermolysetemperatur

Bei Erreichen der einstellbaren Zerfallstemperatur zerfallen die Kapselhüllwandpolymere unter Abspaltung von molekularem Stickstoff in einer exothermen Reaktion. Vorteilhaft ist die Zerfallsenergie, die bei der Thermolyse der Azogruppe freigesetzt wird. Diese insbesondere als Wärme auftretende Energie unterstützt die Freisetzung des Kapselinhaltes weshalb hier weniger Energie aufgebracht werden muß. Zusätzlich unterstützt der freiwerdende molekulare Stickstoff auf mechanische Art und Weise die weitere Öffnung der Kapselwand.
Zur Untersuchung des Einflusses der Thermolysetemperatur auf die Freisetzung des Kapselinhaltes wurden Mikrokapseln mit einem Azogehalt von 83 Gew.-% (MK6-PAa) bei den Temperaturen 60 °C, 80 °C und 100 °C thermolysiert. Die freigesetzte Farbstoff-

menge in Abhängigkeit von der Thermolysezeit ist für jede Messung in Abb. 3.8 dargestellt.

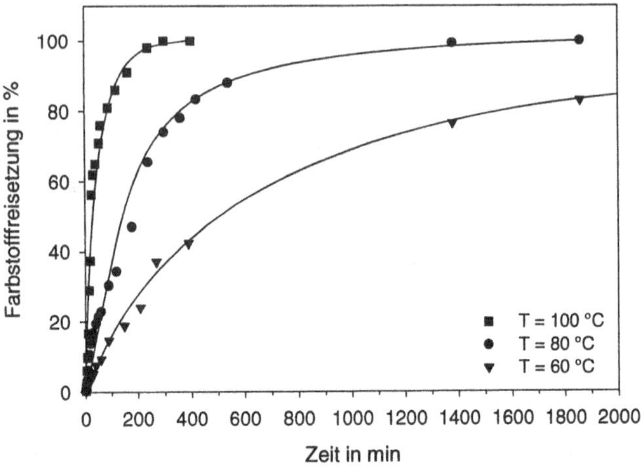

Abb. 3.8: Farbstofffreisetzung bei Variation der Thermolysetemperatur

Erwartungsgemäß zeigt sich eine deutliche Abhängigkeit der Freisetzungsgeschwindigkeit von der Thermolysetemperatur. Während bei 100 °C bereits nach 5 h der gesamte Farbstoff ausgetreten ist, enthalten Mikrokapseln bei einer Thermolysetemperatur von 80 °C noch etwa 20 % ihres verkapselten Farbstoffes. Bei 60 °C werden sogar erst nach 30 h 80 % des ursprünglich verkapselten Farbstoffs gemessen. Aufgrund der sehr niedrigen Thermolysetemperatur spielt hier neben der Zersetzung der Hüllwand auch das Austreten des Farbstoffs durch Diffusion eine wichtige Rolle.

3.2.2.2 Variation des Vernetzungsgrades

In Kapitel 3.2.1.2 wurde die Synthese von Mikrokapseln mit unterschiedlichem Vernetzungsgrad beschrieben. Die UV/VIS-spektroskopischen Ergebnisse der Thermolyse von Mikrokapseln mit 20 Mol-% Terephthalsäuredichlorid (MK5-PAa) und 20 Mol-% 1,3,5-Benzoltricarbonsäuretrichlorid (MK6-PAa) sind in Abb. 3.9 dargestellt. Der geringe Unterschied im Azogehalt von 3 Gew.-% wird bei der Auswertung vernachlässigt. Die Thermolyse wurde jeweils bei 80 °C durchgeführt.

Wie zu erwarten wirkt sich auch der Unterschied in den Hüllwandpolymer-Netzwerken auf die Geschwindigkeit der Freigabe des Kapselinhaltes aus. Mikrokapseln mit

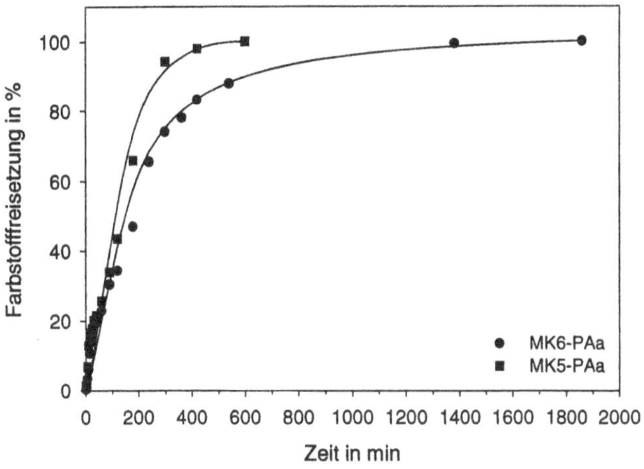

Abb. 3.9: Farbstofffreisetzung bei Variation des Vernetzungsgrades

20 Mol-% Terephthalsäuredichlorid (MK5-PAa) setzen den Farbstoff schneller frei als Mikrokapseln mit 20 Mol-% 1,3,5-Benzoltricarbonsäuretrichlorid (MK6-PAa). Zur Erläuterung zeigt Abb. 3.10 jeweils einen Ausschnitt der Netzwerke von Mikrokapselhüllwänden die mit Terepthalsäuredichlorid bzw. 1,3,5-Benzoltricarbonsäuretrichlorid als zweiter Säurechloridkomponente synthetisiert worden sind.

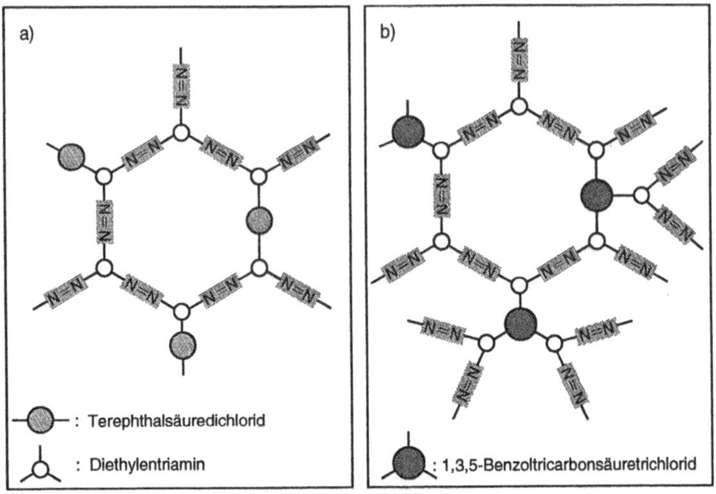

Abb. 3.10: Vergleich der Netzwerke
a) mit Terephthalsäuredichlorid
b) mit 1,3,5-Benzoltricarbonsäuretrichlorid

Während der Thermolyse bleiben in beiden Fällen die Netzwerkpunkte erhalten, da sich die Azogruppen in der nicht vernetzenden Komponente 4,4'-Azobis-(4-cyanovaleriansäurechlorid) befindet. Bei Mikrokapselhüllwänden mit 1,3,5-Benzoltricarbonsäuretrichlorid resultieren jedoch größere Fragmente, die auch durch teilweise Rekombination der bei der Spaltung der Azogruppe gebildeten Radikale entstehen können. Dieser Unterschied in den Azopolymer-Netzwerken hat eine schnellere Freisetzung des Kapselinhaltes bei Mikrokapseln ohne zusätzlich vernetzendes Terephthalsäuredichlorid zur Folge.

3.2.2.3 Variation des Azogehaltes

Zur Untersuchung des Einflusses des Azogehaltes auf die Freisetzung des Kapselinhaltes wurden Mikrokapseln mit einem Azogehalt von 100 Gew.-% (MK4-PA), 83 Gew.-% (MK6-PAa) und 54 Gew.-% (MK6-PAb) bei einer Temperatur von 80 °C thermolysiert. Die freigesetzte Farbstoffkonzentration in % ist in Abb. 3.11 in Abhängigkeit von der Thermolysezeit aufgetragen.

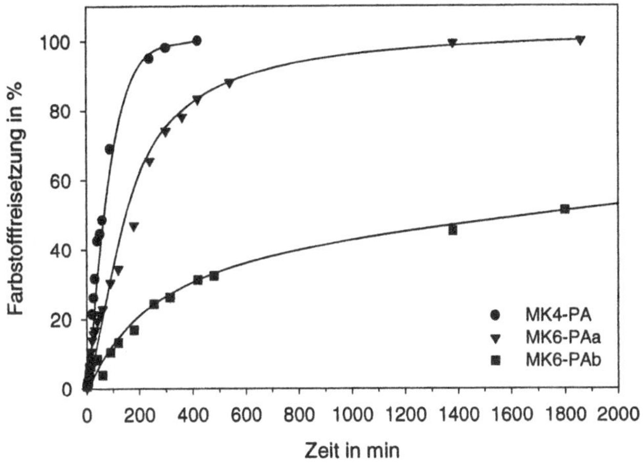

Abb. 3.11: Farbstofffreisetzung bei Variation des Azogehaltes

Auch hier kann sehr deutlich die Abhängigkeit der Freisetzungsgeschwindigkeit vom Azogehalt in der Mikrokapselhüllwand gezeigt werden. Mikrokapseln mit 100 Gew.-% Azogehalt (MK4-PA) haben bereits nach 5 h ihren gesamten Farbstoff freigesetzt. Hingegen enthalten Mikrokapseln mit nur 54 Gew.-% Azogehalt (MK6-PAb) zur gleichen Zeit noch 70 % des insgesamt verkapselten Farbstoffs.

3.2.2.4 Variation des Hüllwandanteils

Schließlich wurde der Einfluß des Hüllwandanteils auf die Freisetzungsgeschwindigkeit des Farbstoffes untersucht. Dazu wurden Mikrokapseln mit einem Hüllwandanteil von 4,6 Gew.-% (MK6-PAa) und 4,0 Gew.-% (MK6-PAc) bei 80 °C thermolysiert und der austretende Farbstoff wieder UV/VIS-spektroskopisch verfolgt. Beide Ansätze enthielten Mikrokapseln mit einem Azogehalt von 83 Gew.-%

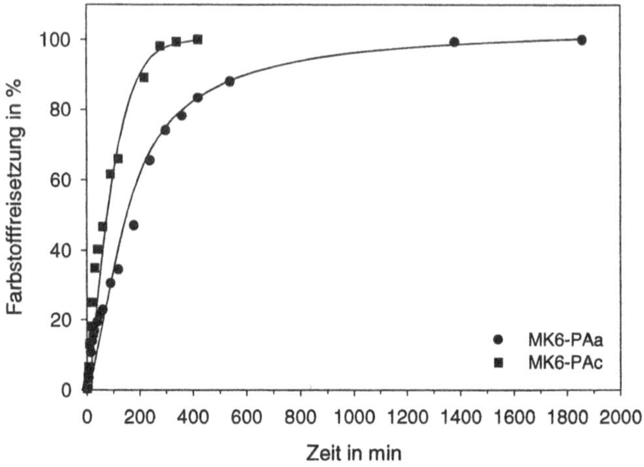

Abb. 3.12: Farbstofffreisetzung bei Variation des Hüllwandanteils

Die Resultate ergeben auch für Mikrokapseln mit variierendem Hüllwandanteil einen deutlichen Unterschied in der Freisetzungsgeschwindigkeit des Farbstoffes. Nach 4 h haben Mikrokapseln mit einem Hüllwandanteil von 4,0 Gew.-% bereits den gesamten Farbstoff freigesetzt, während Mikrokapseln mit einem Hüllwandanteil von 4,6 Gew.-% erst nach einem Tag diesen Wert erreichen.

3.2.3 Radikalisch polymerisierbare Monomere als Kernmaterial

Im folgenden Schritt sollten die Auswirkungen des Kapselinhaltes betrachtet werden. Zur Untersuchung verschiedener Monomere auf ihre Eignung als Kernmaterial sollten zunächst Mikrokapseln mit Polyamidhüllwänden auf der Basis von Terephthalsäuredichlorid und Diethylentriamin und danach -sofern die Versuche erfolgreich waren- azohaltige Mikrokapseln mit einem Azogehalt von 61 Gew.-% durch Cokondensation von 4,4´-Azobis-(4-cyanovaleriansäurechlorid) (ACVCl) mit Terephthalsäuredichlorid hergestellt werden.

Zunächst wurden verschiedene Kriterien für die Auswahl der Monomere festgelegt:

- Das Monomer muß radikalisch polymerisierbar sein.
- Zur Erzielung einer maximalen Monomerkonzentration sollten die Monomere das Kontinuum darstellen. Folglich muß die bei der Grenzflächenpolykondensation üblicherweise im organischen Medium gelöste Reaktionskomponente im Monomer löslich sein.
- Zur Vermeidung eines vorzeitigen Aufplatzens der Kapseln infolge des Monomerdampfdruckes sollte der Siedepunkt des Monomers oberhalb von 100 °C liegen.
- Das Monomer sollte flüssig sein, um die Verwendung von zusätzlichem organischen Lösungsmittel zu vermeiden.
- Die Dichte des Monomers sollte ca. 1 g·cm^{-3} betragen, um eine homogene Verteilung der Kapseln im wäßrigen Schlicker bei der Grünkörperherstellung zu gewährleisten.

Unter möglichst vollständiger Berücksichtigung dieser Kriterien wurden als Kapselinhalt die in Abb. 3.13 dargestellten Monomere ausgewählt

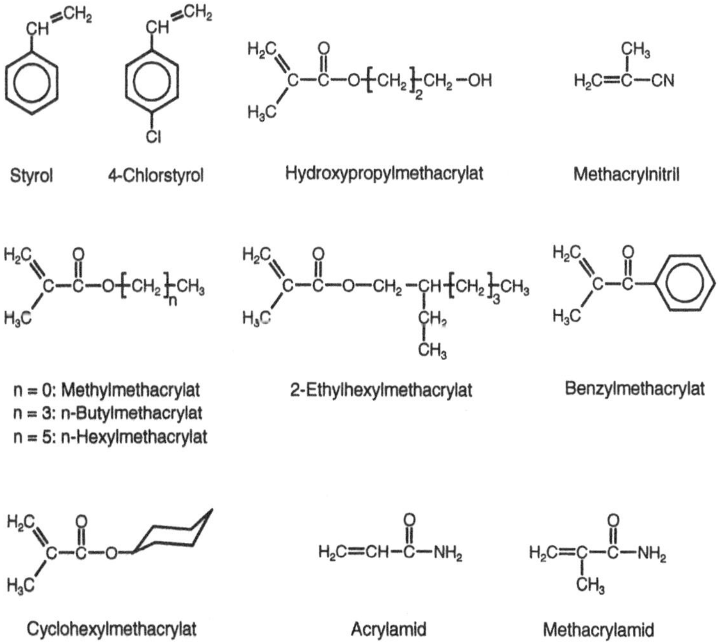

Abb. 3.13: Radikalisch polymerisierbare Monomere

Die physikalischen Eigenschaften dieser Monomere, sowie die Ergebnisse der Mikroverkapselungsversuche sind in Tab. 3.5 zusammengefaßt.

Tab. 3.5: Radikalisch polymerisierbare Monomere als Kernmaterial für Mikrokapseln

Monomer	**Siedepunkt in °C**	**Dichte in g·cm^{-3}**	**Mikrokapsel-synthese**
Styrol	145	0,906	ja
4-Chlorstyrol	192	1,088	ja
Methylmethacrylat	100	0,8	nein
n-Butylmethacrylat	164	0,964	ja
n-Hexylmethacrylat	204	0,883	ja
2-Ethylhexylmethacrylat	218	0,896	ja
Cyclohexylmethacrylat	210	1,026	ja
Benzylmethacrylat	232	1,04	ja
Hydroxypropylmethacrylat	240	0,943	nein
Methacrylnitril	90	0,8	nein
Acrylamid	84-86*)		nein
Methacrylamid	109-111*)		nein

*) Schmelzpunkte

Styrol (MK7-PA) und *4-Chlorstyrol* (MK8-PA) eignen sich sehr gut zur Mikrokapselsynthese, daher konnten Mikrokapseln mit azohaltigen Hüllwänden synthetisiert werden.
Hydroxypropylmethacrylat, *Methylmethacrylat* und *Methacrylnitril* konnten aufgrund ihrer Hydrophilie nicht verkapselt werden. Außerdem sind die geringen Siedepunkte von Methylmethacrylat (100 °C) und Methacrylnitril (90 °C) im Hinblick auf die thermische Öffnung der Mikrokapseln weniger geeignet, ebenso wie die geringe Dichte von Methylmethacrylat für eine spätere Anwendung im wäßrigen Schlicker.
Aus diesem Grund wurden Methacrylate wie *Benzylmethacrylat* (MK13-PA), *n-Hexylmethacrylat* (MK10-PA), *2-Ethylhexylmethacrylat* (MK11-PA) und *n-Butylmethacrylat* (MK9-PA) ausgewählt, die längere hydrophobe Reste besitzen. Mit diesen Monomeren gelang die Synthese von thermolabilen Mikrokapseln.
Mit *Cyclohexylmethacrylat* (MK12-PA) konnten ebenfalls Mikrokapseln synthetisiert werden, aufgrund des intensiven Geruchs ist jedoch ihr Einsatz als polymerer Binder nicht sinnvoll.
Zusätzlich wurden Verkapselungsversuche mit *Acrylamid* (MK14-PA) und *Methacrylamid* (MK15-PA) durchgeführt. Diese Monomere liegen als wasserlöslicher Feststoff vor und mußten invers verkapselt werden. Die Verkapselung mit Acrylamid und Methacrylamid verlief unvollständig, neben Mikrokapseln wurde auch Polymer synthetisiert.

Abgesehen davon hätten sich eventuell auch Schwierigkeiten in Zusammenhang mit der Vorbereitung der Mikrokapseln für die Anwendung im wäßrigen Schlicker ergeben. Die organischen Dispersionen müssen in ein wäßriges Milieu überführt werden. Hierfür können die Mikrokapseln mittels Sprühtrocknung isoliert und anschließend in Wasser redispergiert werden. Kontinuum und Flotte würden nun jeweils wäßrige Phasen sein. Die Hüllwand der Mikrokapseln muß aber vollständig dicht sein, um ein Herausdiffundieren des verkapselten Monomers zu vermeiden.

Schließlich wurden styrolhaltige Mikrokapseln synthetisiert, wobei dem Styrol 2,2´-Azobis(isobutyronitril) (AIBN) zugesetzt wurde (MK19-PA). Dieser Initiator sollte neben der azohaltigen Hüllwand die Initiierung der Polymerisation des austretenden Monomers gleichzeitig mit der thermischen Öffnung der Mikrokapseln sicherstellen.

Somit eignen sich neben Styrol und 4-Chlorstyrol auch verschiedene Methacrylate mit hydrophoben Resten sehr gut als Kernmaterial zur Herstellung von Mikrokapseln. Dagegen ist es nicht gelungen, wasserlösliche Monomere wie Acrylamid und Methacrylamid vollständig zu verkapseln. Eine interessante Variante stellt die Verkapselung von Styrol unter Zusatz von 2,2´-Azobis(isobutyronitril) (AIBN) dar.

3.3 Mikrokapseln mit weiteren Hüllwandpolymeren

Wie bereits in Kapitel 2.2 erläutert wurde, erschließen sich über die Grenzflächenpolykondensation eine Reihe weiterer Polymerklassen. Neben Polyamiden sollen daher auch Polyester, Polyharnstoffe und Polydiaryldiazosulfide als Hüllwandmaterial zur Synthese von Mikrokapseln mit verkapselten radikalisch polymerisierbaren Monomeren herangezogen werden. Die einzelnen Mikrokapselansätze sind in Tab. 3.6 zusammengefaßt und werden im folgenden erläutert.

Tab. 3.6: Mikrokapselansätze

Ansatz	Hüllwandpolymer	Monomer(e) 1	Monomer 2	Kerninhalt
MK1-PE	Polyester	ACVCl/BTCTCl	4,4´-Dihydroxybiphenyl	Styrol
MK2-PE	Polyester	ACVCl/BTCTCl	4,4´-Dihydroxybiphenyl	4-Chlorstyrol
MK1-PH	Polyharnstoff	ACBI	DETA	Styrol
MK1-PAS	Polydiaryldiazosulfid	1,3-Benzoldithiol	Bis-(3-aminophenylsulfon)	Styrol

ACVCl: 4,4´-Azobis-(4-cyanovaleriansäurechlorid)
BTCTCl: 1,3,5-Benzoltricarbonsäuretrichlorid
ACBI: 3,3´-Azobis-(3-cyanobutanisocyanat)
DETA: Diethylentriamin

3.3.1 Mikrokapseln mit Polyesterhüllwänden

Zur Synthese von Mikrokapseln mit azohaltigen Polyesterhüllwänden wurde 4,4´-Azobis-(4-cyanovaleriansäurechlorid) (ACVCl) nach dem in Kapitel 3.1.3 beschriebenen Verfahren mit 4,4´-Dihydroxybiphenyl umgesetzt. Da es sich bei 4,4´-Dihydroxybiphenyl nur um eine difunktionelle Verbindung handelt, wurde zur Vernetzung der Hüllwand als zweite Säurechloridkomponente 1,3,5-Benzoltricarbonsäuretrichlorid zugesetzt. Der Azogehalt dieser synthetisierten Mikrokapseln betrug 54 Gew.-%. Der Reaktion liegen die in Kapitel 2.2.3 angegebenen Reaktionsgleichungen zugrunde. Es wurden Mikrokapseln mit Styrol (MK1-PE) und 4-Chlorstyrol (MK2-PE) als Kapselinhalt synthetisert.

3.3.2 Mikrokapseln mit Polyharnstoffhüllwänden

Eine weitere durch Grenzflächenpolykondensation zugängliche Polymerklasse sind die Polyharnstoffe.
Die Synthese von Mikrokapseln mit vernetzten, azohaltigen Polyharnstoffhüllwänden erfolgte entsprechend der in Kapitel 2.2.4 angegebenen Reaktionsgleichung nach dem Grenzflächenpolykondensationsverfahren unter Verwendung von 3,3´-Azobis-(3-cyanobutanisocyanat) (ACBI) als Diisocyanatkomponente (MK1-PH). Im Hinblick auf die Synthese vernetzter Mikrokapseln, wurde als Aminkomponente Diethylentriamin verwendet, als Reaktionsbeschleuniger wurden geringe Mengen Diazabicyclo(2.2.2)-octan zugesetzt. So waren Mikrokapseln mit Styrol als Kapselinhalt zugänglich.

3.3.3 Mikrokapseln mit Polydiaryldiazosulfidhüllwänden

Schließlich wurden Mikrokapseln mit Polydiaryldiazosulfidhüllwänden durch Reaktion von Bisdiazoniumionen mit Benzoldithiol synthetisiert [9]. Dieser Polykondensation liegen die in Kapitel 2.2.5 angegebenen Reaktionsgleichungen zugrunde. Als Kernmaterial wurde wiederum Styrol gewählt (MK1-PAS). Die Mikrokapselsynthese unterscheidet sich etwas von der in Kapitel 3.1 beschriebenen Synthese. Sie wird im folgenden erläutert.
Zunächst wird die zu verkapselnde organische Phase, welche 1,3-Benzoldithiol enthält, im Reaktorblock mit einem Ultraturraxrührer (24000 $U \cdot min^{-1}$) in einer wäßrigen Natriumacetat-Pufferlösung dispergiert. Zur Stabilisierung der Tröpfchen enthält die wäßrige Phase 2 Gew.% Polyvinylalkohol als Dispergiermittel. Die Verkapselung wird durch Zugeben einer wäßrigen, durch Diazotierung von Bis-(3-aminophenyl)-sulfon hergestellten, Bisdiazoniumsalzlösung eingeleitet. Anschließend wird die gelbe Mikrokapseldispersion mit dem Ankerrührer gerührt, bis die Hüllwandbildung abgeschlossen ist.
Die bereits beschriebene Netzwerkbildung ist für die Synthese undurchlässiger und stabiler Mikrokapseln Voraussetzung. Reaktionen des 1,3-Benzoldithiols mit dem Styrol wurden aufgrund der geringeren Reaktionsgeschwindigkeit nicht beobachtet.

Somit lagen Mikrokapseln mit Hüllwänden aus Polyamid, Polyester, Polyharnstoff und Polydiaryldiazosulfid mit i.a. Styrol als Kerninhalt vor.

3.4 Charakterisierung der Mikrokapseln

Für einen sinnvollen Einsatz der Mikrokapseln ist die Kenntnis verschiedener Eigenschaften, wie z.B. der Dichte, der Größe oder Größenverteilung, sowie des äußeren Erscheinungsbildes von Interesse.

3.4.1 Dichtemessungen

Die Bestimmung der Dichte der Mikrokapseln erfolgte mit Hilfe eines Kapillardensitometers [81]. Sie ist eine wichtige Größe zur Kontrolle des Sedimentationsverhaltens der Mikrokapseldispersion und wird hauptsächlich durch den Kerninhalt beeinflußt. Das Sedimentationsverhalten ist auch für die Anwendung als Binder im wäßrigen Schlicker von Bedeutung. Große Abweichungen von der Dichte von Wasser führen zu Inhomogenitäten sowohl bei der Schlickerherstellung als auch bei der anschließenden Formgebung.

3.4.1.1 Grundlagen der Dichtemessung

Die Dichte der Kapseldispersionen kann aus der Resonanzfrequenz eines schwingenden Körpers berechnet werden.
Dazu wird ein in Abb. 3.14 dargestelltes U-förmig gebogenes Glasrohr mit der zu untersuchenden Mikrokapseldispersion gefüllt und durch ein elektromechanisches Erregersystem zu ungedämpften Schwingungen angeregt. Die Eigenfrequenz dieses Schwingungsgebildes wird von der Masse und daher auch von der Dichte der Dispersion beeinflußt.

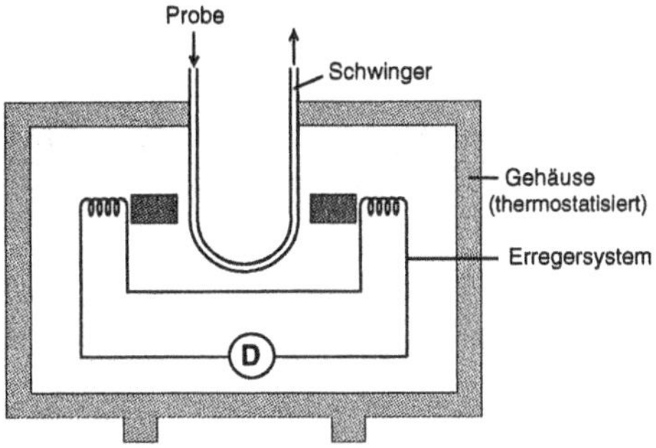

Abb. 3.14: Schematischer Aufbau eines oszillierenden Kapillardensitometers

Als für die Berechnung gleichwertiges System wird ein Hohlkörper der Masse m betrachtet, der an einer Feder mit der Federkonstante c aufgehängt ist. Dieser Körper mit dem Volumen V sei mit einem Medium der Dichte ρ gefüllt. Die Schwingungsdauer T dieses Systems kann aus Gl. 3.4 berechnet werden .

$$T = \frac{1}{f} = 2\pi \cdot \sqrt{\frac{\rho V + m}{c}} \qquad \text{Gl. 3.4}$$

T: Schwingungsdauer
f: Schwingungsfrequenz
c: Federkonstante
m: Masse des Schwingkörpers
V: Volumen des Schwingkörpers
ρ: Dichte des Mediums

Nach Quadrieren dieser Gleichung erhält man

$$T^2 = A\rho + B \quad \text{mit} \quad A = 4 \cdot \frac{\pi^2 \cdot V}{c} \quad \text{und} \quad B = 4 \cdot \frac{\pi^2 \cdot m}{c} \qquad \text{Gl. 3.5}$$

Aus der Differenz der Schwingungsdauer von Mikrokapseldispersion T_S (Mittelwert aus drei Messungen) und Wasser T_{H2O} kann die *Dichte der Mikrokapseldispersion* ρ_S errechnet werden (Gl. 3.6). A ist eine Apparatekonstante, die aus zwei Eichmessungen an Präparaten bekannter Dichte ermittelt werden kann.

$$\rho_S - \rho_{H_2O} = \frac{1}{A} \cdot \left(T_S{}^2 - T_{H_2O}{}^2\right) \qquad \text{Gl. 3.6}$$

Zur Bestimmung der *Dichte der Mikrokapseln* ρ_K wird eine zur Berechnung der Partikeldichte in Latices [82] entwickelte Gleichung verwendet (Gl. 3.7).

$$\rho_K = \frac{M_K}{[\rho_S{}^{-1} - \rho_F{}^{-1} \cdot (1 - M_K)]} \qquad \text{Gl. 3.7}$$

ρ_K: Dichte der Mikrokapseln
ρ_S: Dichte der Mikrokapseldispersion
ρ_F: Dichte der wäßrigen Flotte
M_K: Massenanteil der Mikrokapseln

Den Massenanteil M_K für Mikrokapseln mit Polyamidhüllwänden, die durch Grenzflächenpolykondensation aus Säurechloriden und Aminen dargestellt werden, erhält man unter Annahme eines 100%igen Umsatzes aus Gl. 3.8. Die Masse des Dispergiermittels Polyvinylalkohol wird hierbei vernachlässigt.

$$M_K = \frac{m_{SCl} + m_{Amin} + m_{Mon} - m_{HCl}}{m_S} \qquad \text{Gl. 3.8}$$

m_{SCl}: Masse des eingesetzten Säurechlorids
m_{Amin}: Masse des eingesetzten Amins
m_{Mon}: Masse des verkapselten Monomers
m_{HCl}: Masse des entstehenden Chlorwasserstoffs
m_S: Gesamtmasse der wäßrigen Flotte

3.4.1.2 Ergebnisse der Dichtemessungen

Die Dichtemessungen wurden an Mikrokapseln mit Polyamidhüllwänden durchgeführt, die Styrol (MK7-PA), 4-Chlorstyrol (MK8-PA) und Benzylmethacrylat (MK13-PA) als Kernmaterial enthielten. Für einen späteren Einsatz dieser Mikrokapseln als polymeren Binder in keramischen Schlickern ist der Unterschied ihrer Dichte zur Dichte von Wasser von Bedeutung. Die Analyse der unverdünnten Mikrokapseldispersionen erfolgte bei 25 °C.

Die gemessenen Dichten der Kapseldispersionen ρ_S und die nach Gl. 3.7 und Gl. 3.8 errechneten Kapseldichten ρ_K sind in Tab. 3.7 zusammengefaßt. Die Kapseldichten ρ_K weichen nur geringfügig von den Dichten der reinen Monomere ab und liegen im Bereich der Dichte von Wasser. Die Mikrokapseln wären daher für den Einsatz im wäßrigen Schlicker geeignet.

Tab. 3.7: Gemessene Dichten der Mikrokapseldispersionen ρ_S und errechnete Dichten von Mikrokapseln ρ_K mit variierendem Kapselinhalt

Ansatz	**Kapselinhalt**	ρ_S	ρ_K
MK7-PA	Styrol	0,987 $g \cdot cm^{-3}$	0,962 $g \cdot cm^{-3}$
MK8-PA	4-Chlorstyrol	1,027 $g \cdot cm^{-3}$	1,1 $g \cdot cm^{-3}$
MK13-PA	Benzylmethacrylat	1,016 $g \cdot cm^{-3}$	1,065 $g \cdot cm^{-3}$

3.4.2 Lasergranulometrie

Die Lasergranulometrie [10, 83, 84] stellt neben gängigen Methoden wie Disc-Centrifuge-Photometer [10, 85] oder Coulter Multisizer [4] eine weitere Möglichkeit zur Bestimmung der Mikrokapselgröße bzw. der Mikrokapselgrößenverteilung dar.

3.4.2.1 Grundlagen der Lasergranulometrie

Mit Hilfe der Lasergranulometrie, die auf dem Prinzip der Lichtbeugung beruht, können Teilchengrößen im Bereich 0,1-600 µm bestimmt werden. Durch die Lichtbeugung an Partikeln entstehen Beugungsbilder. Da Dispersionen in der Praxis nicht nur eine Teilchengröße aufweisen, kommt es zur Überlagerung verschiedener Beugungsbilder unterschiedlicher Intensität. Die Gesamtintensitätsverteilung der Dispersion addiert sich aus den Intensitätsverteilungen jedes einzelnen Teilchens und kann sowohl auf der Basis der FRAUNHOFER-Theorie, als auch der MIE-Theorie ausgewertet werden [86]. Die FRAUNHOFER-Näherung setzt allerdings einen Mindestdurchmesser der Teilchen voraus, da es bei sehr kleinen Teilchen zu einer Überlagerung mit anderen Streulichtphänomenen kommen kann. Dies führt zu einer Verfälschung der Meßergebnisse. Die MIE-Theorie bietet den Vorteil, daß auch Teilchen im Submikronbereich erfaßt werden können. Die Berechnung setzt jedoch Kenntnisse über den Brechungsindex und die Absorption der absorbierten Teilchen voraus. Die nur für sphärische Teilchen eingeschränkte Gültigkeit der MIE-Theorie ist ohne Bedeutung, da auf Grund der Anordnung der Detektorelemente ohnehin sphärische Teilchen postuliert werden.

Als Lichtquelle wird Laserlicht genutzt. Der Laserstrahl wird mittels eines optischen Systems aufgeweitet und an den Teilchen, die sich in einer Küvette befinden, gebeugt. Jedes Teilchen erzeugt dabei ein für seine Größe und Form charakteristisches Beugungsbild, das von einem Detektor detektiert und anschließend von einem Computer ausgewertet wird. Abb. 3.15 zeigt den schematischen Aufbau eines Lasergranulometers.

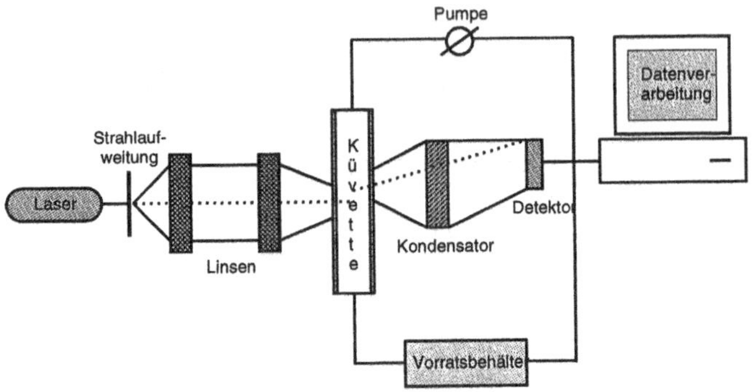

Abb. 3.15: Schematischer Aufbau eines Lasergranulometers

Die Ergebnisse können als Verteilungssummenkurve oder als Verteilungsdichtekurve in Abhängigkeit vom Kapseldurchmesser dargestellt werden. Über die Summenkurve kann der mittlere Kapseldurchmesser d_m ermittelt werden (Wert bei 50 %).

3.4.2.2 Ergebnisse der Lasergranulometrie

Zur Analyse wurden die aus dem Reaktor erhaltenen wäßrigen Kapseldispersionen direkt und ohne weitere Aufarbeitung eingesetzt. Zunächst wurde mit reinem Wasser aus dem Vorratsbehälter ein Hintergrund aufgenommen. Anschließend werden die Mikrokapseln zugegeben und die nun verdünnte Dispersion wurde kontinuierlich durch die Küvette gepumpt und im Meßbereich 1-60 µm nach der Partikelgröße analysiert.
Die Mikrokapseln wurden vor jeder Messung 60 s mit Hilfe einer geräteinternen Ultraschallsonde mit Ultraschall behandelt.
Im Anschluß werden die Verteilungsdichtekurven folgender Mikrokapseln aufgezeigt. Auf die Auftragung der Verteilungssummenkurve wurde hier wegen der Übersichtlichkeit verzichtet.

1. Mikrokapseln mit Polyamidhüllwand und unterschiedlichem Kapselinhalt (Abb. 3.16, Abb. 3.17,)
2. Mikrokapseln mit 4-Chlorstyrol als Kapselinhalt und unterschiedlichem Hüllwandmaterial (Abb. 3.18)

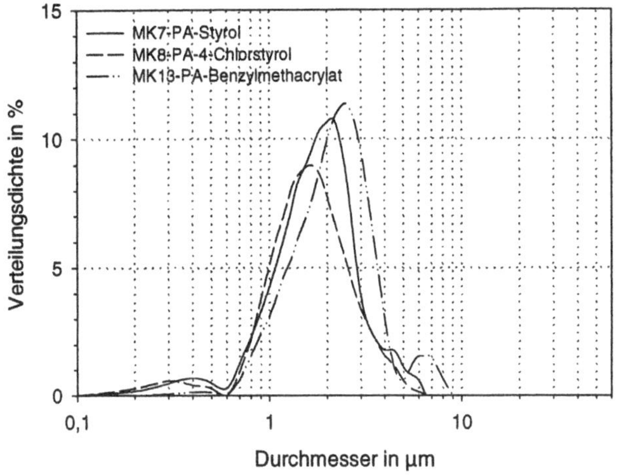

Abb. 3.16: Lasergranulometerkurven für Mikrokapseln mit Polyamidhüllwand und unterschiedlichem Kernmaterial

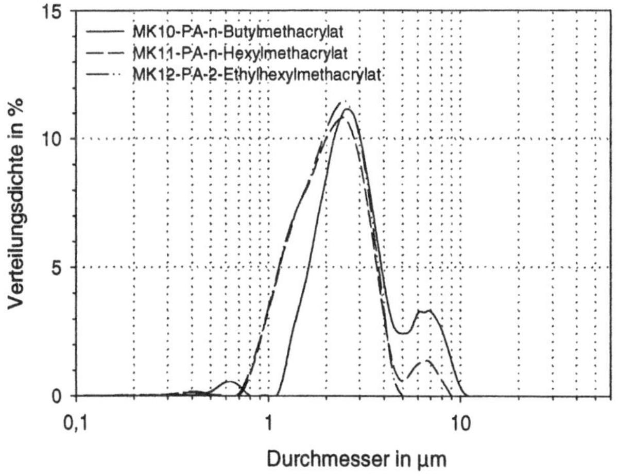

Abb. 3.17: Lasergranulometerkurven für Mikrokapseln mit Polyamidhüllwand und unterschiedlichem Kernmaterial

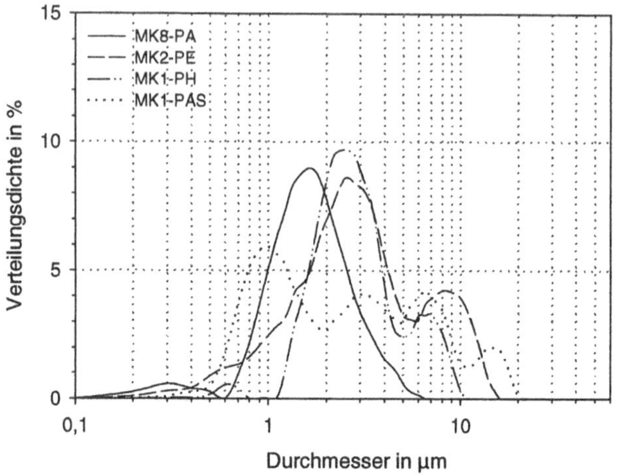

Abb. 3.18: Lasergranulometerkurven für Mikrokapseln mit 4-Chlorstyrol als Kernmaterial und unterschiedlichem Hüllwandmaterial

Der mittlere Kapseldurchmesser d_m, sowie der maximale Kapseldurchmesser d_{max} der gemessenen Mikrokapselgrößenverteilungen sind in Tab. 3.8 zusammengefaßt.

Tab. 3.8: Ergebnisse der Lasergranulometrie

Ansatz	Hüllwand	Kerninhalt	d_m	d_{max}
MK7-PA	Polyamid	Styrol	1,78 µm	6,5 µm
MK8-PA	Polyamid	4-Chlorstyrol	1,58 µm	6,5 µm
MK13-PA	Polyamid	Benzylmethacrylat	2,07 µm	9,0 µm
MK10-PA	Polyamid	n-Butylmethacrylat	2,09 µm	10,5 µm
MK11-PA	Polyamid	n-Hexylmethacrylat	2,03 µm	9,0 µm
MK12-PA	Polyamid	2-Ethylhexylmethacrylat	1,99 µm	5,0 µm
MK2-PE	Polyester	4-Chlorstyrol	2,87 µm	16 µm
MK1-PH	Polyharnstoff	Styrol	2,07 µm	10,0 µm
MK1-PAS	Polydiaryldiazosulfid	4-Chlorstyrol	2,18 µm	22 µm

d_m: mittlerer Kapseldurchmesser
d_{max}: maximaler Kapseldurchmesser

Mikrokapseln mit unterschiedlichen Monomeren als Kernmaterial (Abb. 3.16, Abb. 3.17) zeigen sehr ähnliche Kapselgrößenverteilungen, die alle im Bereich von 0,1-10 µm liegen. Der mittlere Kapseldurchmesser variiert nur um maximal 0,5 µm. Die Größenverteilungen von Mikrokapseln mit Styrol (MK7-PA), 4-Chlorstyrol (MK8-PA) und Ethylhexylmethacrylat (MK12-PA) sind bimodal, während die Verteilungskurven von Mikrokapseln mit Benzyl-methacrylat (MK13-PA), n-Butylmethacrylat (MK10-PA) und n-Hexylmethacrylat (MK11-PA) trimodal vorliegen. Da jedoch sämtliche Mikrokapseln vor jeder Messung mit Ultraschall behandelt wurden, kann eine dem dritten Maximum entsprechende Agglomeratbildung ausgeschlossen werden.
Abb. 3.18 zeigt für Mikrokapseln mit 4-Chlorstyrol als Kapselinhalt und variierenden Hüllwandpolymeren sehr unterschiedliche Kapselgrößenverteilungen. Polyamidmikrokapseln (MK8-PA) besitzen die engste Verteilungskurve mit einem mittleren Kapseldurchmesser von 1,78 µm, gefolgt von Mikrokapseln mit Polyharnstoffhüllwand (MK1-PH), die einen mittleren Kapseldurchmesser von 2,07 µm aufweisen. Mikrokapseln dieser Größenordnung sind gegen mechanische Belastung relativ unempfindlich, so daß die Öffnung fast ausschließlich thermisch erfolgt. Der mittlere Kapseldurchmesser von Polydiaryldiazosulfidmikrokapseln (MK1-PAS) ist zwar nur um 0,6 µm größer, die Verteilungskurve ist jedoch wesentlich breiter. Für Mikrokapseln mit Polyesterhüllwand (MK2-PE), die eine bimodale Verteilungskurve aufweisen, ergab sich der größte mittlere Kapseldurchmesser von 2,87 µm.

3.4.3 Lichtmikroskopie

Die Lichtmikroskopie ermöglicht einen ersten Eindruck vom Aussehen und von der Größenverteilung der Mikrokapseln.
Hierfür werden die Kapseldispersionen auf das 10fache mit Wasser verdünnt, ein Tropfen davon auf einen Objektträger gebracht und im Lichtmikroskop betrachtet.
Abb. 3.19 zeigt Mikrokapseln mit Polyamidhüllwand und 4-Chlorstyrol als Kernmaterial (MK8-PA).

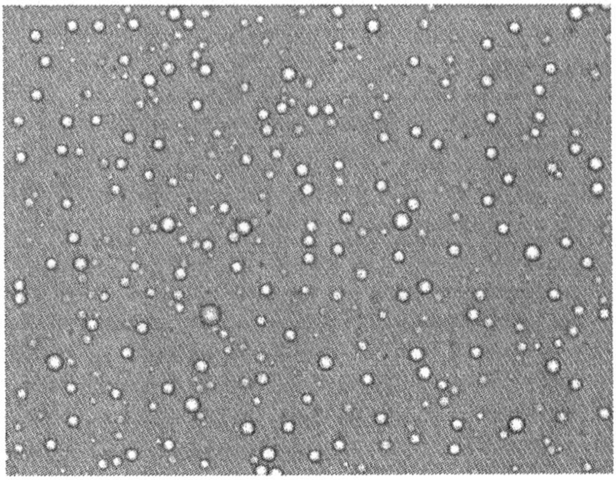

Abb. 3.19: Lichtmikroskop-Aufnahme von MK8-PA bei 630-facher Vergrößerung

Die Aufnahme zeigt runde, nicht agglomerierte Mikrokapseln mit einem Durchmesser von ca. 2 µm. Dieser Wert wurde aus einer parallelen Messung an einem mit einer Meßskala versehenem Lichtmikroskop erhalten.

3.4.4 Rasterelektronenmikroskopie

Mit Hilfe der Rasterelektronenmikroskopie gelingt es aufgrund der besseren Vergrößerung, genauere Aussagen über die Größe, Gestalt und Morphologie der Mikrokapseln zu treffen.

3.4.4.1 Kryo-Rasterelektronenmikroskopie

Die Kryo-Rasterelektronenmikroskopie eignet sich zur Untersuchung von Mikrokapseln mit flüssigem Kernmaterial.
Für diese Untersuchungen wurde die sogenannte Bruchtechnik verwendet. Dazu wurde ein Tropfen der Kapseldispersion auf einen Objekträger zwischen zwei Nieten eingebracht und mit flüssigem Stickstoff eingefroren. Anschließend wird die Probe in die Präparationskammer eingeschleust, die obere Niete abgeschlagen und das gefrorene Wasser vorsichtig von der Oberfläche absublimiert. Zur Verbesserung des Kontrastes wird die Probe mit Goldatomen besputtert.

Die folgenden Abbildungen zeigen Mikrokapseln mit einer azohaltigen Polyamidhüllwand und Styrol als Kapselinhalt (MK7-PA). Die Aufnahmen wurden bei einer Temperatur von 100 K angefertigt.

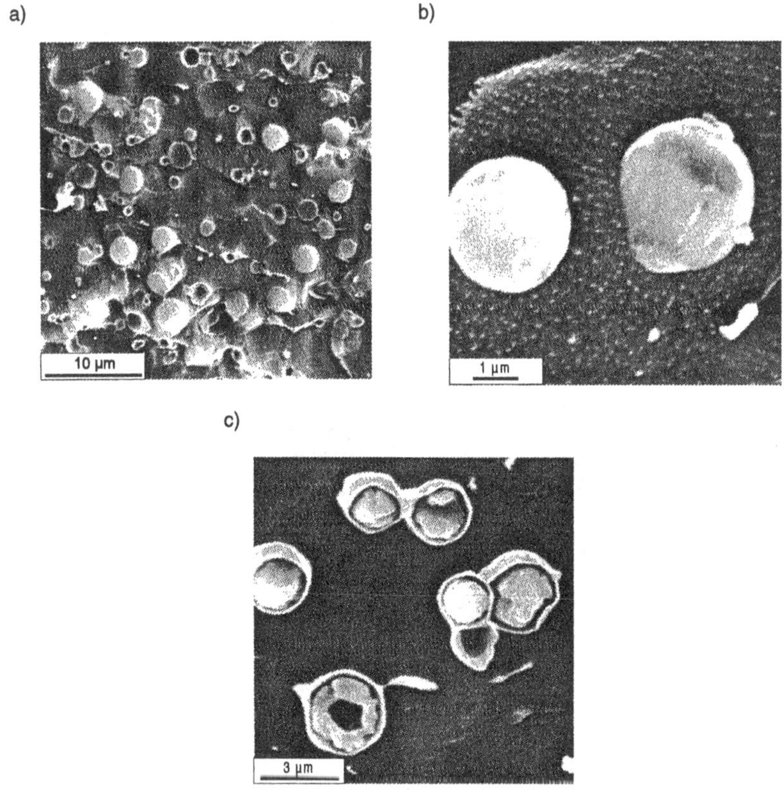

Abb. 3.20: Kryo-REM-Aufnahmen von Mikrokapseln MK7-PA (T = 100 K)
a) 1000-fache Vergrößerung
b) 4000-fache Vergrößerung
c) 2000-fache Vergrößerung

Abb. 3.20a zeigt eine sehr gute Übereinstimmung der Mikrokapselgrößen mit den durch Lasergranulometrie ermittelten Größenverteilungen (d_m = 1,78 µm, d_{max} = 6,5 µm). Die kraterähnlichen Löcher entstehen durch die beim Kryo-Bruch herausgeschlagenen Mikrokapseln. Bei dieser Präparationstechnik wurden die Mikrokapseln zum Teil durchtrennt, so daß der gefrorene Kerninhalt sehr gut zu erkennen ist (Abb. 3.20c). Die stark vergrößerte Aufnahme in Abb. 3.20b zeigt Mikrokapseln mit einer glatten Oberfläche und einem Kapseldurchmesser von ca. 3 µm.

3.4.4.2 Niederspannungs-Rasterelektronenmikroskopie

Ein sehr schonendes Verfahren zur Untersuchung von Mikrokapseln stellt die Niederspannungs-Rasterelektronenmikroskopie dar. Mit diesem Meßverfahren wird bei einer sehr geringen Spannung von nur 1 kV gemessen. Außerdem kann auf ein Besputtern der Mikrokapseln verzichtet werden.
Für die Messung wird ein Tropfen der Mikrokapseldispersion auf einen Träger gegeben. Nachdem das Wasser an der Luft verdunstet ist, wird die Probe ins REM gebracht und vermessen. In Abb. 3.21 sind Mikrokapseln mit azohaltigen Polyamidhüllwänden dargestellt. Da die Proben bei einem Vakuum von 10^{-6} bar vermessen werden, wurde Diisopropylnaphthalin als Kapselinhalt gewählt (MK3-PA). Alle bislang verwendeten Kernmaterialien hätten unter diesen Bedingungen zum Zerplatzen der Kapseln geführt.

Abb. 3.21: Niederspannungs-REM-Aufnahmen von Mikrokapseln MK3-PA

Abb. 3.21 zeigt Mikrokapseln, die leicht elastische Hüllwände mit einer sehr glatten Oberfläche aufweisen.

3.5 Optimierung der Größenverteilung der Mikrokapseln

Durch die Verfahrensbedingungen läßt sich auch ein Teil der nicht allein durch die Substanzen bestimmten Eigenschaften der Mikrokapseln beinflussen. Eine solche Eigenschaft stellt die Mikrokapselgröße dar.
Die Mikrokapseln sollen während der Verarbeitung im Schlicker mechanischen Beanspruchungen standhalten und nach dem rückstandslosen Herausbrennen im Anschluß an die Keramikherstellung möglichst kleine Fehlstellen im Formkörper hinterlassen. Zusätzlich soll eine größtmögliche Verteilung des Kapselinhaltes im Formkörper gewährleistet sein. Diese Anforderungen können durch die Synthese möglichst kleiner Mikrokapseln erfüllt werden.
Die Größe der Mikrokapseln wird durch die Tröpfchengröße der in der wäßrigen Phase dispergierten organischen Phase bestimmt [78, 79, 87, 88]. Für die Darstellung von sehr kleinen, stabilen und nicht agglomerierten Mikrokapseln sind daher folgende Versuchsparameter verantwortlich:

- Dispergiergeschwindigkeit
- Rührergeometrie und Rührerleistung
- Art und Konzentration des Dispergiermittels
- Viskositätsverhältnis der inneren und der äußeren Phase
- Reaktionstemperatur

Zur Optimierung der Mikrokapselgröße bzw. der Mikrokapselgrößenverteilung wurden diese Parameter variiert und werden in den folgenden Kapiteln erläutert.

3.5.1 Dispergiergeschwindigkeit

Die Dispergiergeschwindigkeit des Ultraturraxrührers bestimmt die Feinheit der in der Flotte schwimmenden Tröpfchen, so daß die Größe der Mikrokapseln hauptsächlich während des Dispergiervorganges eingestellt wird. Zerkleinerung und Koaleszieren der Tröpfchen sind dabei die beeinflussenden Faktoren.
Für diese Untersuchungen wurden Mikrokapseln mit Polyamidhüllwand und Toluol als Kapselinhalt (MK1-PA) mit den in Tab. 3.9 aufgeführten Dispergiergeschwindigkeiten des Ultraturraxrührers synthetisiert.

Tab. 3.9: Variation der Dispergiergeschwindigkeit

Ansatz	**Dispergiergeschwindigkeit in U·min^{-1}**
MK1-PAa	8000
MK1-PAb	9500
MK1-PAc	13500
MK1-PAd	20000
MK1-PAe	24000

Die durch Lasergranulometrie ermittelten Mikrokapselgrößenverteilungen sind in Abb. 3.22 dargestellt.

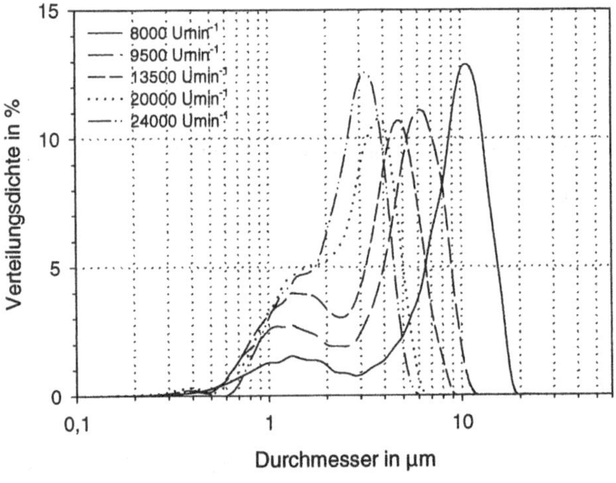

Abb. 3.22: Einfluß der Dispergiergeschwindigkeit auf die Mikrokapselgröße von MK1-PA

Erwartungsgemäß nimmt die Teilchengröße mit steigender Dispergiergeschwindigkeit des Ultraturraxrührers aufgrund des höheren Energieeintrags ab.
Während des Dispergiervorganges werden die Tröpfchen durch den Ultraturraxrührer zerkleinert, wandern an den Rand des Reaktionsgefäßes und koaleszieren teilweise. Steigende Rührgeschwindigkeiten führen zu einer besseren Verteilung der Rührenergie, so daß engere Verteilungskurven resultieren.

Bei sehr hohen Dispergiergeschwindigkeiten kann es jedoch aufgrund der kinetischen Energie schneller zur Kollision und damit zur Koaleszenz der Tröpfchen kommen, so daß ab 20000 U·min^{-1} nur noch geringfügige Änderungen auftreten. Zur Veranschaulichung zeigt Abb. 3.23 den mittleren Kapseldurchmesser in Abhängigkeit von der Rührerdrehzahl.

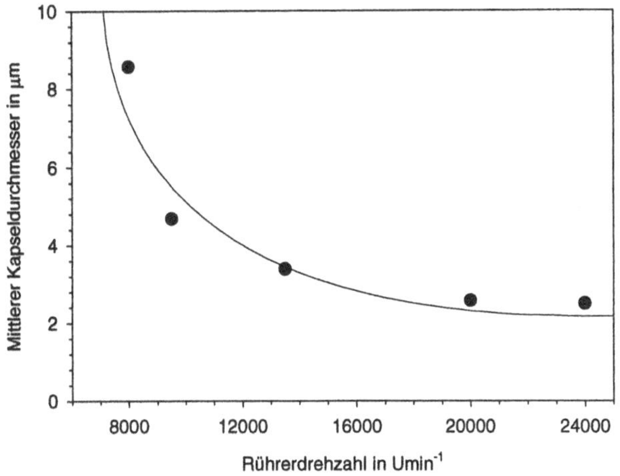

Abb. 3.23: Abhängigkeit des mittleren Kapseldurchmessers von der Dispergiergeschwindigkeit

3.5.2 Rührergeometrie

Die mögliche Dispergierleistung hängt sehr stark von der Rührerleistung und der Geometrie eines Ultraturraxrührers ab. Abb. 3.24 zeigt die durch Lasergranulometrie ermittelten Kapselgrößenverteilungen von Mikrokapseln, die mit einem Ultraturraxrührer bei gleicher Dispergiergeschwindigkeit (24000 U·min^{-1}) aber unter Verwendung folgender unterschiedlicher Dispergierwerkzeuge synthetisiert wurden:

- Dispergierwerkzeug S25N-25T
- Dispergierwerkzeug S25N-10G

Die hierfür synthetisierten Mikrokapseln besitzen eine Polyamidhüllwand und als Kapselinhalt Benzylmethacrylat (MK13-PA).

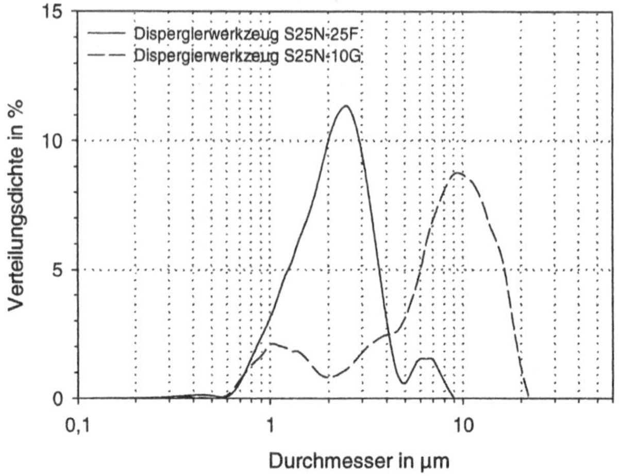

Abb. 3.24: Einfluß der Turraxrührergeometrie auf die Teilchengrößenverteilung der Mikrokapseln (MK13-PA)

Bei Verwendung des Ultraturraxrührers mit dem Dispergierwerkzeug S25N-10G können Mikrokapseln mit einem mittleren Durchmesser von 7,64 µm synthetisiert werden.
Durch den Einsatz des Ultraturraxrührers mit dem Dispergierwerkzeug S25N-25F werden höhere Dispergiergeschwindigkeiten erreicht, so daß Mikrokapseln mit einem deutlich kleineren mittleren Durchmesser von 2,07 µm synthetisiert werden konnten.

Die Dispergierzeit zeigt nur einen geringen Einfluß auf die Kapselgröße. Eine Dispergierzeit von 1 min ist ausreichend. Längere Bearbeitungszeiten verbessern die erreichbare Endfeinheit nur geringfügig und können eine teilweise Verseifung des Säurechlorids zur Folge haben.

3.5.3 Dispergiermittelkonzentration

Für die Stabilisierung der Öl-in-Wasser-Emulsion wurde Polyvinylalkohol (PVA) als Dispergiermittel zugesetzt. Zur Untersuchung der Auswirkungen der PVA-Konzentration auf das Agglomerationsverhalten und die Mikrokapselgröße bzw. -größenverteilung wurden wiederum Mikrokapseln mit Polyamidhüllwand und Toluol als Kernmaterial (MK1-PA) synthetisiert und in verschiedenen Ansätzen die PVA-Konzentration variiert (Tab. 3.10).

Tab. 3.10: Variation der PVA-Konzentration

Ansatz	**PVA-Konz. in Gew.-%**
MK1-PAf	0,1
MK1-PAg	0,5
MK1-PAh	1,0
MK1-PAe	2,0
MK1-PAi	4,0

Alle Mikrokapseln wurden mit einer Dispergiergeschwindigkeit von 24000 $U \cdot min^{-1}$ synthetisiert. Die Ergebnisse der durch Lasergranulometrie ermittelten Partikelgrößenverteilungen sind in Abb. 3.25 dargestellt

.

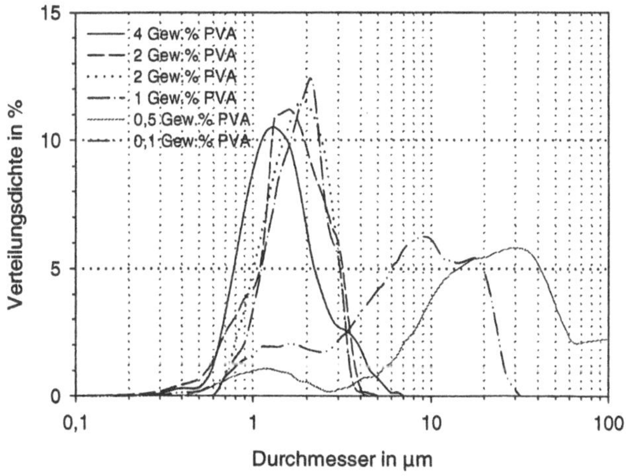

Abb. 3.25: Einfluß der PVA-Konzentration auf die Mikrokapselgröße

Sehr kleine Polyvinylalkoholkonzentrationen (0,1 und 0,5 Gew.-%) ergeben erwartungsgemäß sehr große Mikrokapselgrößen mit breiten Verteilungen. Mit steigender PVA-Konzentration ist jedoch die Grenzfläche schneller abgesättigt, so daß aufgrund der sterischen Stabilisierung kleinere Kapseln entstehen können. Die Proben werden einheitlicher und zeigen geringere Unterschiede in der Kapselgröße.

3.5.4 Viskosität von Kontinuum und Flotte

Das Viskositätsverhältnis von Kontinuum und Flotte ist ebenfalls ein wichtiger Parameter für die Mikrokapselgröße.
Die für diese Untersuchungen synthetisierten Mikrokapseln besitzen eine Polyamidhüllwand, als Kontinuum wurden Diisopropylnaphthalin (MK3-PA) mit einer dynamischen Viskosität von 11 mPa·s und Toluol (MK1-PAe) mit einer dynamischen Viskosität von 5,9 mPa·s verwendet.
Abb. 3.26 zeigt den Effekt der Viskosität der dispergierten organischen Phase auf die Größenverteilung der Mikrokapseln bei einer konstanten Rührgeschwindigkeit von 24000 $U \cdot min^{-1}$ und einer PVA-Konzentration von 2 Gew.-% .

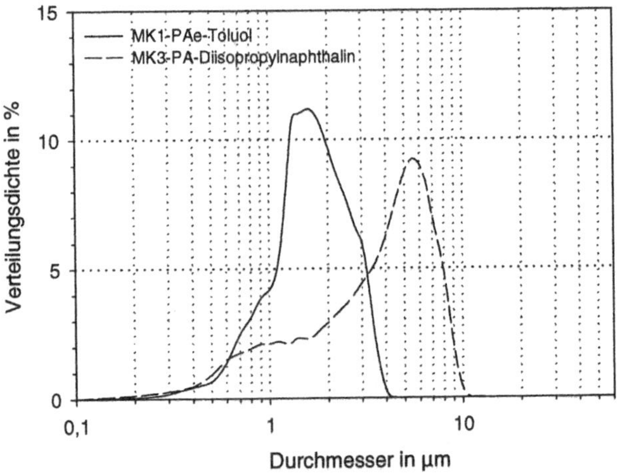

Abb. 3.26: Einfluß der Viskosität der organischen Phase auf die Mikrokapselgröße

Aufgrund der hohen Viskosität von Diisopropylnaphthalin resultieren Mikrokapseln mit einem mittleren Kapseldurchmesser von 3,33 µm, der ungefähr doppelt so groß ist wie der von Mikrokapseln mit Toluol als Kapselinhalt (d_m = 1,52 µm). Die Ursache liegt in der Bildung sehr stabiler Emulsionströpfchen, deren Viskositätskräfte beim Dispergiervorgang einer Zerkleinerung der Tröpfchen widerstehen.
Die Viskosität von Kontinuum und Flotte wird natürlich von der Reaktionstemperatur beeinflußt. Eine Erhöhung der Reaktionstemperatur bewirkt eine Erniedrigung der Viskosität beider Phasen, so daß kleinere Mikrokapseln entstehen.

3.6 Mikrokapseln als Binder

In den vorherigen Kapiteln wurde die Synthese und Charakterisierung verschiedener thermolabiler Mikrokapseln mit radikalisch polymerisierbarem Kernmaterial beschrieben. Für den Einsatz als polymeren Binder im keramischen Schlicker eignen sich aber nur bestimmte Ansätze. Entscheidend hierfür ist die Art und Zusammensetzung des Hüllwandpolymeren und die Auswahl des Kernmaterials.

Hüllwandpolymer:
Die Ergebnisse zeigten, daß sich Polyester, Polyamide, Polyharnstoffe und Polydiaryldiazosulfid sehr gut als Hüllwandmaterial für die Mikrokapselsynthese eignen. Wegen der aufwendigen Synthese der Ausgangsverbindung 3,3´-Azobis-(3-cyanobutanisocyanat) wurde jedoch auf die Anwendung dieser Mikrokapseln mit Polyharnstoffhüllwänden im Schlicker verzichtet.
Nach verschiedenen Thermolyseuntersuchungen unter Variation von Azogehalt und Vernetzungsgrad der Hüllwand, muß nun ein geeigneter Azogehalt für die Mikrokapseln gewählt werden. Die Thermolyseversuche zeigten für einen Azogehalt von 54 Gew.-% eine deutlich langsamere Freisetzung des verkapselten Farbstoffes als für Kapseln mit einem Azogehalt von 100 Gew.-%. Dieser Azogehalt ergab sich durch einen Zusatz von 50 Mol-% des gleichzeitig vernetzend wirkenden 1,3,5-Benzoltricarbonsäuretrichlorids. Da der Kapselinhalt für die Initiierung der Polymerisation nicht zu schnell austreten darf, stellt der 50 Mol-%ige Zusatz von Terephthalsäuredichlorid mit einem resultierenden Azogehalt von 61 Gew.-% einen guten Kompromiß dar. Mikrokapseln mit Polyesterhüllwänden besitzen durch Copolykondensation von 4,4´-Azobis-(4-cyanovaleriansäurechlorid) mit 1,3,5-Benzoltricarbonsäuretrichlorid einen Azogehalt von 54 Gew.-%.

Kernmaterial:
Die Untersuchungen verschiedener radikalisch polymerisierbarer Monomere bezüglich ihrer Eignung als Kernmaterial ergaben für Styrol und 4-Chlorstyrol sehr gute Ergebnisse. Beide Monomere konnten mit sämtlichen als Hüllwandmaterial gewählten Polymeren problemlos verkapselt werden. Styrolhaltige Kapseln, die AIBN als Initiator enthalten, sind ebenfalls für eine Anwendung im Schlicker interessant.
Bei den Methacrylaten hat sich Benzylmethacrylat aufgrund der guten Löslichkeit der Säurechloride, des hohen Siedepunktes (232 °C) sowie der idealen Dichte (1,04 $g \cdot cm^{-3}$) als besonders geeignet erwiesen.

Die letztlich als polymeren Binder ausgewählten Mikrokapselansätze sind in Tab. 3.11 zusammengefaßt

Tab. 3.11: Mikrokapseln für polymere Binder

Ansatz	Hüllwand	Kernmaterial	Azogehalt in Gew.-%
MK7-PA	Polyamid	Styrol	61
MK8-PA	Polyamid	4-Chlorstyrol	61
MK13-PA	Polyamid	Benzylmethacrylat	61
MK16-PA	Polyamid	Styrol/AIBN	61
MK2-PE	Polyester	4-Chlorstyrol	54
MK1-PAS	Polydiaryldiazosulfid	4-Chlorstyrol	100

4 Herstellung keramischer Formkörper (Schlickerguß)

Zentrales Thema dieser Arbeit war neben der Synthese von thermolabilen Mikrokapseln mit radikalisch polymerisierbarem Kernmaterial die Untersuchung dieser Dispersionen auf deren Eignung als keramische Bindersysteme.
In diesem Kapitel soll zunächst die Wirkung der ausgewählten Mikrokapseldispersionen auf keramische Gießmassen untersucht werden. Zu diesem Zweck waren Partikelgrößenverteilungen der binderhaltigen Gießmassen zu bestimmen und außerdem mögliche Wechselwirkungen zwischen Mikrokapseln und Feststoffpartikeln und die rheologischen Eigenschaften zu untersuchen.
Für den weiterführenden Teil der Arbeit sollten durch Anwendung von Schlickerguß Grünkörper hergestellt und bezüglich Scherbenbildung und Gründichte charakterisiert werden. Zur Optimierung der Festigkeit waren sowohl Bindermenge als auch Binderart zu variieren. Abschließend sollte dann die thermische Aktivierung des Bindersystems erfolgen, sowie die Charakterisierung der resultierenden Probekörper durch Bestimmung ihrer Biegefestigkeit.
Abb. 4.1 zeigt das Ablaufschema zur Herstellung und Charakterisierung keramischer Formkörper.

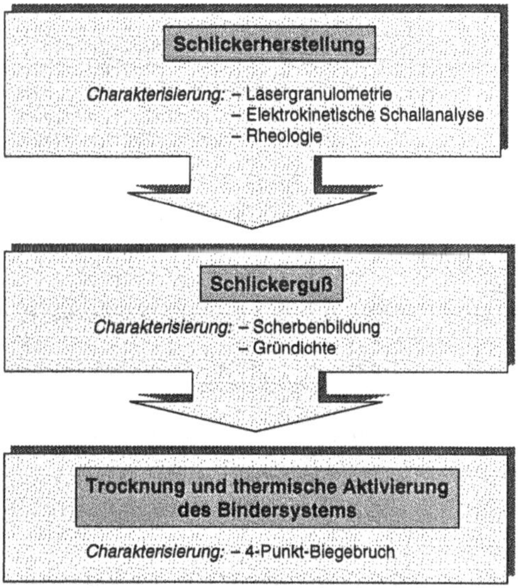

Abb. 4.1: Versuchsdurchführung zur Herstellung und Charakterisierung keramischer Formkörper

Die Zusammensetzungen der keramischen Gießmassen, sowie die in Abb. 4.1 dargestellten einzelnen Verfahrensschritte werden im folgenden erläutert.

4.1 Bestandteile der keramischen Gießmasse

Der im Rahmen dieser Arbeit hergestellte keramische Schlicker enthält folgende Bestandteile:

1. keramisches Pulver
2. Dispergiermedium
3. Dispergierer und Verflüssiger
4. Binder

Diese Bestandteile werden in unterschiedlicher Reihenfolge, je nach Anforderung an die Schlickereigenschaften, gemischt. So erfordern Ansätze mit hohem Pulvergehalt ein Dispergiermittel, das während der Pulverzugabe eingemischt wird. Bei niedrigem Pulvergehalt kann der Dispergator auch nachträglich zugesetzt werden. Die Mischungen werden homogenisiert und anschließend als stabile Suspension vergossen.
Bei der Herstellung der Schlicker werden gezielte Anforderungen an die Eigenschaften der Gießmassen gestellt [89]:

- niedriger Wassergehalt in der Suspension
- hohe Stabilität der Suspension gegenüber Sedimentationseffekten
- optimales Fließverhalten (nahezu NEWTONsches Fließverhalten, geringe Thixotropieeffekte, niedrige Fließgrenzen)
- geringe Korrosionswirkung auf der Formenoberfläche
- hohe Scherbenbildungsrate
- einwandfreie Gießfähigkeit, um die Form optimal zu füllen und eine gute Scherbenoberfläche zu erzielen
- schnelles und leichtes Ablösen des Scherbens von der Formenwand
- hohe Dichte und eine angemessene Festigkeit des Formkörpers bereits im ungesinterten Zustand

Zur Erfüllung dieser Voraussetzungen bedarf es einer gezielten Auswahl der Bestandteile der Gießmasse.

4.1.1 Keramisches Pulver und Dispergiermedium

Bei der Auswahl eines keramischen Pulvers spielen v.a. die Partikelgröße bzw. der Agglomerationsgrad der einzelnen Teilchen eine entscheidende Rolle. Die Partikelgröße eines keramischen Pulvers hat entscheidenden Einfluß auf das rheologische Verhalten eines Gießschlickers. Zusätzlich beeinflußt sie die Scherbenbildung an der Formenwand und die Dichte des entformten Bauteils, da die Packungsdichte auch mit der Wasserpermeabilität korreliert ist. Außerdem sollte sich der keramische Werkstoff über einen größeren pH-Bereich unproblematisch suspendieren lassen und nach dem Sintern eine hohe Enddichte aufweisen.

Als keramisches Pulver wurde in dieser Arbeit α-Aluminiumoxid Typ A16 (Fa. Alcoa) ausgewählt, das sehr häufig für technische Anwendungen genutzt wird. Seine Zusammensetzung und physikalischen Daten [90] sind in Tab. 4.1 aufgeführt.

Tab. 4.1: Zusammensetzung und physikalische Daten von α-Aluminiumoxid A16 (Herstellerangaben)

Zusammensetzung		**physikalische Daten**	
Al_2O_3	> 99,8 Gew.-%	spezifische Oberfläche (BET)	8-11 $m^2 \cdot g^{-1}$
Na_2O	0,06 Gew.-%		
CaO	0,01 Gew.-%	durchschnittliche Partikelgröße	0,3-0,6 µm
SiO_2	0,03 Gew.-%		
Fe_2O_3	0,02 Gew.-%		
MgO	0,03 Gew.-%		

Die Partikelgrößenverteilung des α-Aluminiumoxids wurde mit Hilfe der Lasergranulometrie, deren Grundlagen bereits in Kapitel 3.4.2 erläutert wurden, bestimmt. Dazu wurde ein Schlicker mit 70 Gew.-% Feststoffanteil unter Zusatz von Polyacrylsäure als Dispergiermittel (1 Gew.-% bezogen auf den Feststoffanteil von α-Aluminiumoxid) hergestellt. Die Wirkungsweise der Polyacrylsäure wird in Kapitel 4.1.2 beschrieben. Abb. 4.2 zeigt die Verteilungsdichtekurve von α-Aluminiumoxid vor und nach einer Ultraschallbehandlung (120 s).

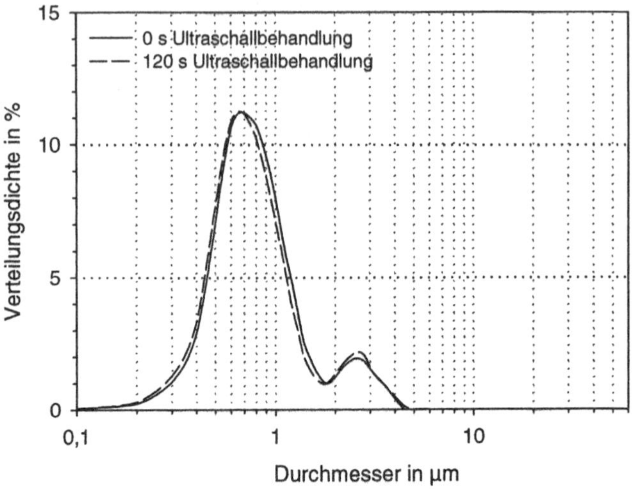

Abb. 4.2: Partikelgrößenverteilung von α-Aluminiumoxid in einer wäßrigen Suspension mit Dispergiermittel

Das α-Aluminiumoxid zeichnet sich durch eine enge Partikelgrößenverteilung mit hohem Feinanteil (Partikeldurchmesser < 1 µm) und niedrigem Grobanteil (Partikeldurchmesser > 4 µm) aus. Der Feinanteil konnte auch durch längere Ultraschallbehandlung nicht vergrößert werden.

4.1.2 Dispergierer und Verflüssiger

Als Dispergiermedium wurde Wasser verwendet. Wäßrige Aluminiumoxidsuspensionen sind nur bis zu einem Feststoffanteil von 1 Gew.-% stabil. Dieser Anteil ist zu gering für einen gießfähigen Schlicker. Höhere Anteile führen jedoch zu einer schnellen Sedimentation des Aluminiumoxids, während hochkonzentrierte Schlicker gar nicht mehr gerührt werden können. Aus diesen Gründen muß ein Dispergiermittel zugesetzt werden, das gleichzeitig verflüssigende Wirkung hat. Mit Hilfe des Dispergiermittels wird es möglich den Wasseranteil sehr gering zu halten, die Fließfähigkeit des Schlikkers zu verbessern und ein Erstarren in der Gießform schon bei mäßigem Wasserentzug zu gewährleisten. Dieser Zusatz muß für eine optimale Wirkung zum einen stark mit der Pulveroberfläche verankert und zum anderen zum Lösungsmittel kompatibel sein. Für diese Stabilisierung werden die in Abb. 4.3 dargestellten drei Mechanismen diskutiert.

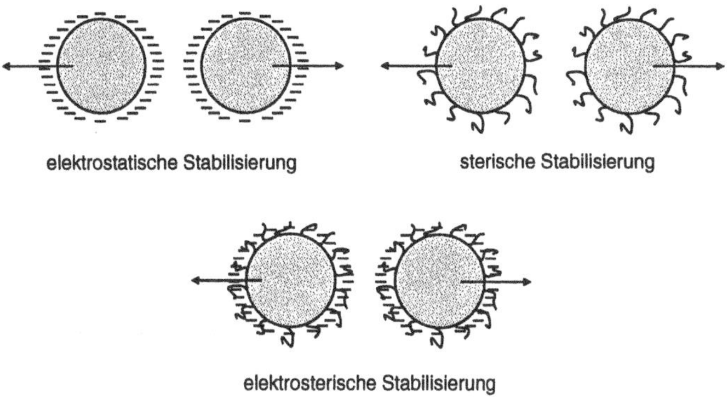

Abb. 4.3: Elektrostatische, sterische und elektrosterische Stabilisierung

Bei der *elektrostatischen Stabilisierung* wird die Agglomeration und Ausflockung der Partikel durch abstoßende Coulomb-Kräfte zwischen gleichgeladenen Spezies unterdrückt. Diese Art der Stabilisierung ist pH-abhängig und spielt in wäßrigen Systemen die wichtigste Rolle [91].
Die *sterische Stabilisierung* beruht auf der repulsiven Kraft, die auftritt, wenn sich zwei Adsorptionsschichten unterschiedlicher Teilchen durchdringen [92].
Die *elektrosterische Stabilisierung* schließlich stellt eine Kombination aus beiden Phänomenen dar und wird z.B. durch ionische Polymere bewirkt [93, 94]. Diese sind in der Lage, mit ihren ionischen Resten (z.B. Carboxylgruppen) polare Wechselwirkungen einzugehen und zugleich, durch ihre polymere Natur bedingt, sterische Effekte zu erzeugen.
Im Rahmen dieser Arbeit wurde Polyacrylsäure als anionisches Dispergiermittel eingesetzt. Polyacrylsäure erfüllt entscheidende Kriterien für eine gute verflüssigende Wirkung:

- möglichst gute Adsorption des organischen Moleküls auf der Pulveroberfläche und zwar über einen breiten pH-Bereich
- eine große Zahl von Ladungsträgern pro Molekül
- das Vorliegen stark saurer ladungstragender Gruppen, damit eine vollständige Dissoziation dieser Gruppen im neutralen und alkalischen pH-Bereich gewährleistet ist

Der Bereich an kommerziell verfügbaren Polyacrylsäuren erstreckt sich bis zu einer Molmasse von ca. 10-15 Mio $g \cdot mol^{-1}$. Die Zugabe derartiger Polymere führt jedoch zu Viskositätserhöhungen im Schlicker, die eine sinnvolle Weiterverarbeitung nicht mehr möglich machen. Deshalb wurde eine Polyacrylsäure mit einer Molmasse von

$M_n = 1200\ g{\cdot}mol^{-1}$ ausgewählt. Dabei handelt es sich um eine 45 Gew.-%ige wäßrige Lösung mit dem Handelsnamen Sokalan PA15 der Fa. BASF, die im folgenden mit D6 abgekürzt wird.

4.1.3 Binder

Als Binder wurden die in Kapitel 3.6 ausgewählten thermolabilen, azohaltigen Mikrokapseln mit radikalisch polymerisierbarem Kernmaterial eingesetzt. Die wäßrigen Mikrokapseldispersionen wurden jeweils durch Zentrifugieren auf das Doppelte aufkonzentriert. Ihre Zusammensetzungen, ihr Azogehalt sowie ihr Feststoffanteil sind in Tab. 4.2 aufgeführt.

Tab. 4.2: Mikrokapseln als polymerer Binder

Ansatz	Hüllwand	Kapselinhalt	Azogehalt in Gew.-%	Feststoffanteil*) in Gew.-%
MK7-PA	Polyamid	Styrol	61	41
MK8-PA	Polyamid	4-Chlorstyrol	61	45
MK13-PA	Polyamid	Benzylmethacrylat	61	43
MK16-PA	Polyamid	Styrol/AIBN	61	41
MK2-PE	Polyester	4-Chlorstyrol	54	45
MK1-PAS	Polydiaryldiazosulfid	4-Chlorstyrol	100	40

*) Anteil der Mikrokapseln in der Dispersion

Da die Mikrokapseln noch nicht direkt nach dem Gießprozeß, sondern erst im thermolysierten Zustand als Binder wirken, wurde einigen Schlickern eine 40 Gew.-%ige Wachsemulsion zugesetzt. Als Grund für die Verwendung von Wachsemulsionen sind neben der guten Verträglichkeit mit anderen organischen Hilfsmitteln hauptsächlich die festigkeitssteigernde Wirkung im Grünkörper zu nennen.

4.2 Schlickeraufbereitung

Für die Schlickeraufbereitung wurde zunächst eine Suspension aus α-Aluminiumoxid und Wasser hergestellt. Während der Pulverzugabe wurde Polyacrylsäure als Verflüssiger eingemischt. Die Suspension wurde zur Zerstörung vorhandener Agglomerate mit einem Turraxrührer bei ca. 8000 $U \cdot min^{-1}$ dispergiert und anschließend unter Rühren mit einem Magnetrührer entlüftet, da Luftblasen später im Grünkörper zu Fehlstellen führen können. Nach 5 h wurde die Mikrokapseldispersion bzw. die Wachsemulsion zugegeben und der Schlicker nochmals 24 h gerührt, um eine homogene Verteilung der zugesetzten Komponenten zu erreichen.
Für alle Versuche wurde ein gleichbleibender Reaktionsansatz entwickelt, der eine Reproduzierbarkeit und Vergleichbarkeit der Ergebnisse untereinander gewährleistet (Tab. 4.3).

Tab. 4.3: Standard-Ansatz für die Schlickeraufbereitung

Edukte	Prozentanteil der Edukte*)
α-Al_2O_3	70 Gew.-%
H_2O dest.	30 Gew.-%
D6 (45 Gew.-%ig)	1 Gew.-%
Binder	wird variiert

*) Zusätze wie Binder und Dispergiermittel werden in Gew.-% bezogen auf den Pulvergehalt angegeben, wobei der Festoffanteil dieser Zusätze ausschlaggebend ist. Die Wasserzugabe muß daher jeweils um den Wasserüberschuß dieser Hilfsstoffe reduziert werden.

Alle Mengenangaben in dieser Arbeit beziehen sich auf den Gehalt an keramischem Pulver in der resultierenden Suspension. Der Pulveranteil wurde auf 70 Gew.-% festgesetzt. Daraus ergibt sich ein Wasseranteil von 30 Gew.-%.

4.3 Charakterisierung der Schlickergießmassen

Im folgenden Kapitel wird das Verhalten der Mikrokapseldispersionen im keramischen Schlicker untersucht. Hierfür wurden verschiedene Schlickergießmassen hergestellt und mit Hilfe der Lasergranulometrie wurde die Teilchengrößenverteilung bestimmt. Zur Untersuchung der Wechselwirkung von Mikrokapseln und Feststoffpartikeln wird die Elektrokinetische Schallanalyse (ESA) herangezogen. Die rheologischen Eigenschaften wurden mit Hilfe eines Rotationsviskosimeters charakterisiert.

4.3.1 Schlickeraufbereitung

Nach dem in Kapitel 4.2 beschriebenen allgemeinen Reaktionsansatz wurden 5 verschiedene Schlicker unter Zusatz der unterschiedlichen Mikrokapseldispersionen als Binder hergestellt. Ihr Anteil betrug jeweils 2 Gew.-% bezogen auf den Aluminiumoxidgehalt.

Dabei zeigte sich, daß Mikrokapseln mit Polydiaryldiazosulfidhüllwänden nicht als Binder geeignet sind, da sie sich bereits während des Einrührens in den Schlicker zersetzten. Aus diesem Grund erfolgten keine weiteren Untersuchungen.

Alle anderen Mikrokapseldispersionen ließen sich gut im Schlicker verarbeiten. Eine leichte Schlierenbildung auf der Oberfläche deutete auf Inhomogenitäten hin.

4.3.2 Lasergranulometrie

Die Bestimmung der Partikelgrößenverteilung der hergestellten Gießmassen im Bereich 0,1-60 µm erfolgte mittels Lasergranulometrie [83]. Da Aluminiumoxidpartikel jedoch keine ideale runde Gestalt besitzen, wie sie die Streuung nach MIE für kleine Teilchen fordern, sind die mit Hilfe der Lasergranulometrie gewonnenen Ergebnisse für absolute Aussagen kritisch zu betrachten. Außerdem wird in stark verdünnten Lösungen gemessen, welche die tatsächlichen Bedingungen in einem keramischen Schlicker nur bedingt wiedergeben. Diese Meßfehler können zwar nicht eliminiert, wohl aber durch Meßanordnung minimiert werden, so daß die Lasergranulometrie ein geeignetes Mittel zur Messung von Partikelgrößenverteilungen dar-stellt. Die Partikelgrößenverteilungen der Schlicker sind in Abb. 4.4 dargestellt.

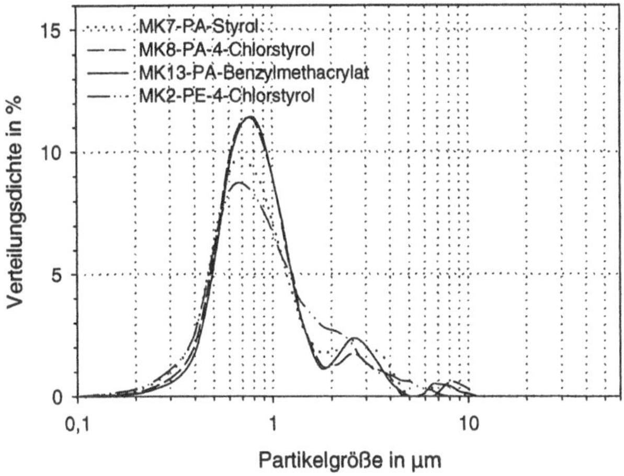

Abb. 4.4: Partikelgrößenverteilungen von keramischen Gießmassen mit Mikrokapseln als Binder (ohne Ultraschallbehandlung)

Alle Messungen zeigen eine weitgehend einheitliche Partikelgrößenverteilung. Sie unterscheiden sich jedoch von der Verteilungsdichtekurve des reinen α-Aluminiumoxids durch ein drittes Maximum bei ca. 8 µm. Ob es sich dabei um Agglomerate handelt, die als Folge der Mikrokapselzugabe gebildet wurden, sollte durch eine weitere Messung geklärt werden. Dazu wurden die Schlicker vorher einer Ultraschallbehandlung (120 s) unterzogen, um solche Agglomerate zu zerstören. Abb. 4.5 zeigt die Verteilungsdichtekurven vor und nach der Ultraschallbehandlung für einen Schlicker der Mikrokapseln mit Polyamidhüllwand und Styrol als Kernmaterial (MK7-PA) als Binder enthält.

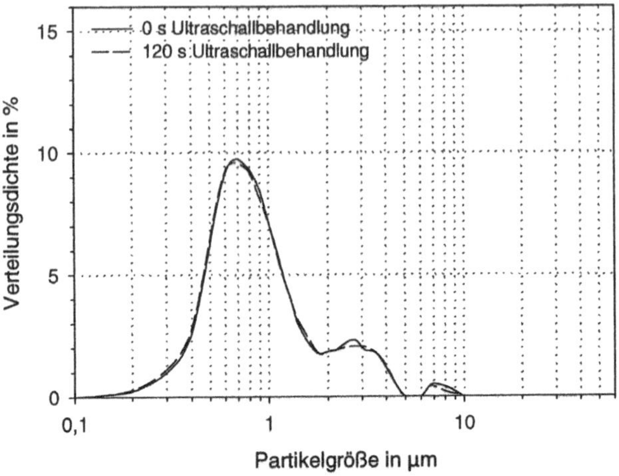

Abb. 4.5: Partikelgrößenverteilungen einer keramischen Gießmassen vor und nach der Ultraschallbehandlung mit MK7-PA-Styrol als Binder

Die Partikelgrößenverteilung der Schlicker konnte auch durch die Ultraschallbehandlung nicht beeinflußt werden, so daß eine Agglomeratbildung ausgeschlossen werden kann. Das dritte Maximum kann möglicherweise auf gröbere Anteile im verwendeten α-Aluminiumoxid oder auf Meßungenauigkeiten zurückgeführt werden. Häufig führen auch Luftblasen zu solchen fehlerhaften Darstellungen. Da der Anteil der Mikrokapseln im Schlicker sehr gering ist und für die Messung eine starke Verdünnung notwendig ist, können Mikrokapseln als Ursache für dieses Maximum ebenfalls ausgeschlossen werden.

Die Größenverteilungskurven weichen somit von der Verteilungsdichtekurve des reinen α-Aluminiumoxids nur im Rahmen der Meßgenauigkeit des Gerätes ab. Daraus kann gefolgert werden, daß die Mikrokapseldispersionen keinen meßbaren Einfluß auf die Größenverteilung der α-Aluminiumoxidpartikel im Schlicker haben.

4.3.3 Elektrokinetische Schallanalyse

4.3.3.1 Elektrische Doppelschicht und Zetapotential

Suspensionen bezeichnet man als physikalisch stabil, wenn keine Sedimentation zu beobachten ist und sich ihre Partikelgrößenverteilung innerhalb eines vorgesehenen Zeitraums nicht oder nur geringfügig ändert.
Ein wichtiger Aspekt für die Optimierung von Suspensionen ist die Oberflächenladung der dispergierten Partikel, die die Ausbildung einer elektrischen Doppelschicht bedingt [95-97]. Die Existenz einer elektrischen Doppelschicht ist, abgesehen von sterischen Stabilisierungsmechanismen, der entscheidende Faktor für die Stabilisierung kolloidaler Suspensionen gegen Agglomeration der Partikel. Zur Beschreibung der elektrischen Doppelschicht wurden verschiedene Ansätze verwendet.
Dispergiert man Teilchen in Wasser, entstehen auf ihrer Oberfläche durch Adsorption von Ionen oder Dissoziation von polaren Gruppen elektrische Ladungen. Zur Kompensierung dieser Ladungen lagern sich Gegenionen aus der Bulkphase an die Phasengrenze an, die Gegenionenwolke bildet sich aus. An der Phasengrenze fest/flüssig entsteht eine Potentialdifferenz. Die wie ein Plattenkondensator angeordneten zwei Schichten negativer und positiver Ladungen werden nach HELMHOLTZ als „elektrische Doppelschicht" bezeichnet (Abb. 4.6).
GOUY (1910) und CHAPMAN (1913) erweiterten das Modell von HELMHOLTZ, indem sie den „diffusen Teil" der elektrischen Doppelschicht einführten. Da die Ionen durch die molekulare Wärmebewegung bestrebt sind, sich gleichmäßig in der Lösung zu verteilen, erstreckt sich dieser „diffuse Teil" tiefer in die Lösung und wirkt den elektrostatischen Kräften entgegen.
STERN (1924) und GRAHAM (1955) ergänzten das bis heute gültige Modell, indem sie den Bereich vor der Teilchenoberfläche in einen äußeren diffusen und einen inneren starren Teil aufteilten (Abb. 4.6). Dieses Modell basiert auf der Tatsache, daß Ionen wegen ihrer Hydrathülle nur bis zu einem endlichen Abstand an die Oberfläche wandern können und in der starren HELMHOLTZschicht, die häufig in eine innere und eine äußere Schicht unterteilt wird, gebunden werden.

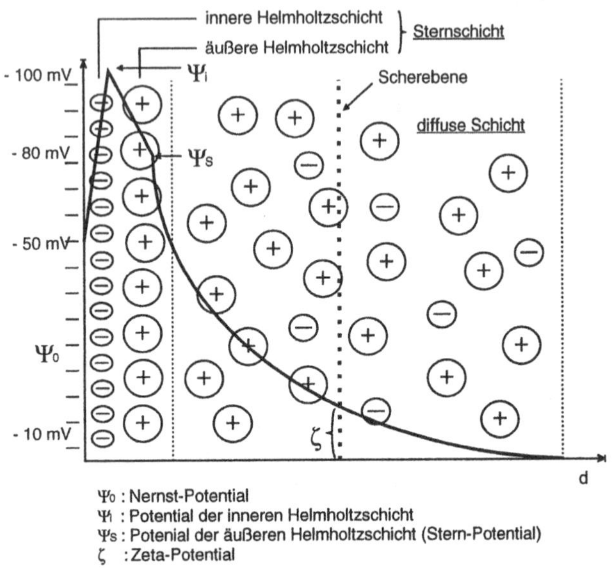

Abb. 4.6: Potentialverlauf im Schichtenmodell nach STERN und GRAHAM

Zur Charakterisierung der Oberflächenladung von Mineralteilchen, die nicht gemessen werden kann, wird das elektrokinetische Potential (Zeta-Potential) verwendet. Legt man an eine Suspension ein elektrisches Feld an, werden die Mineralteilchen beschleunigt und wandern zur entgegengesetzt geladenen Elektrode. Dabei wird aufgrund der Reibungskräfte mit zunehmender Geschwindigkeit nahezu die gesamte diffuse Schicht abgestreift, die Scherebene (vgl. Abb. 4.6) nähert sich immer mehr der Sternschicht an. Durch die starke Adsorption der Ionen in dieser Schicht kann kein weiteres Abstreifen stattfinden. Das Potential an der Scherebene zwischen den fest haftenden Ionen an der Sternschicht und der diffusen Schicht nennt man das Zetapotential (ζ-Potential).

4.3.3.2 Grundlagen der Elektrokinetischen Schallanalyse (ESA)

Mit Hilfe der Elektrokinetischen Schallanalyse [98] gelingt es, durch Zusatz von Mikrokapseldispersionen, Informationen über die Existenz und Beeinflussung der Oberflächenladung auf die Aluminiumoxidpartikel zu erhalten. Zur Erläuterung des Meßprinzips dieses elektroakustischen Verfahrens ist in Abb. 4.7 eine schematische Meßanordnung dargestellt.

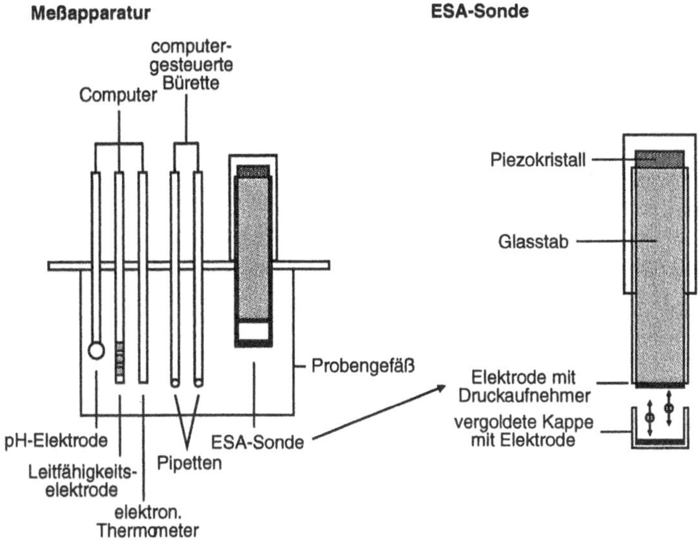

Abb. 4.7: Schematische Meßanordnung der Elektrokinetischen Schallanalyse

In die Suspension werden zwei Elektroden getaucht, an die eine Wechselspannung (1 MHz) angelegt wird. Aufgrund der elektrischen Doppelschicht erzwingt dieses elektrische Wechselfeld eine Oszillation der Partikel mit der gleichen Frequenz. Die oszillierenden Partikel erzeugen ein von der Geschwindigkeitsamplitude und damit natürlich auch von der Ladung der Partikel abhängiges Schallfeld. Diese Schallwelle wird auf einen Meßwandler (Piezokristall) übertragen, der die Druckschwankungen in ein elektrisches Signal umwandelt. Die eigentliche Meßgröße ist nicht die Druckamplitude, sondern eine Spannung am Piezowandler. Durch Eichung wird dieses Signal so normiert, daß aus dem elektrischen Meßsignal direkt auf den Wert der elektrokinetischen Schallamplitude ESA geschlossen werden kann (ohne Herleitung):

$$ESA = c \cdot \Delta\rho \cdot \Phi \cdot \mu_d \qquad \text{Gl. 4.1}$$

ESA: elektrokinetische Schallamplitude
c: Schallgeschwindigkeit in der Suspension
$\Delta\rho$: Dichtedifferenz zwischen suspendierter und kontinuierlicher Phase
Φ: Volumenanteil des Feststoffs
μ_d: dynamische Mobilität

4.3.3.3 Ergebnisse der elektrokinetischen Schallanalyse

Für jede Messung wurde ein Aluminiumoxidschlicker mit 20 Gew.-% Feststoffanteil hergestellt. Auf den Zusatz von Polyacrylsäure wurde verzichtet, damit ausschließlich der Einfluß der Mikrokapseln untersucht werden kann. In verschiedenen Versuchen wurden diesem Schlicker über eine computergesteuerte Bürette die unverdünnten Mikrokapseldispersionen zugetropft und das ESA-Signal, die Leitfähigkeit, der pH-Wert und die Temperatur in Abhängigkeit von der Binderkonzentration detektiert. Insgesamt wurden über einen Zeitraum von 50 min 4 mL zugegeben (0,05 mL alle 30 s). Die Meßergebnisse sind in Abb. 4.8 dargestellt.

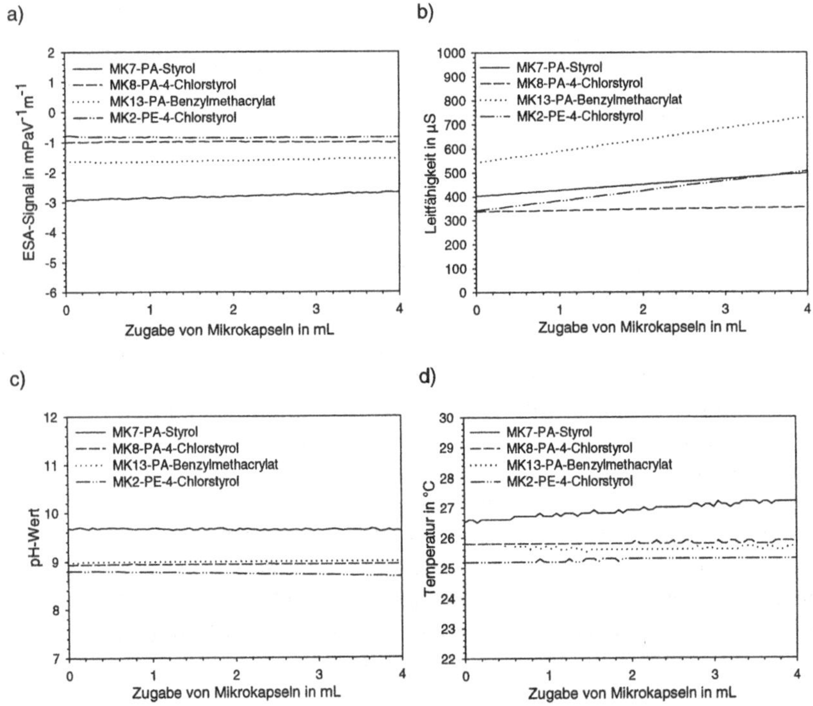

Abb. 4.8: Ergebnisse der Elektrokinetischen Schallanalyse bei Zugabe von Mikrokapseln
a) Änderung des ESA-Signals
b) Änderung der Leitfähigkeit
c) Änderung des pH-Werts
d) Änderung der Temperatur

Abb. 4.8a zeigt keine Änderung des Kurvenverlaufs des ESA-Signals in Abhängigkeit von der Konzentration der zugegebenen Mikrokapseldispersion. Dieses Ergebnis ist mit der Annahme, daß die Oberflächen der Mikrokapseln keine Ladungen tragen, konform. Dennoch festzustellende schwache Anstiege, die auch bei den Leitfähigkeitskurven (Abb. 4.8b) auftreten, sind auf die Temperaturabhängigkeit der Messung (Abb. 4.8d) zurückzuführen und können somit vernachlässigt werden. Die Werte für die ESA-Signale der Schlicker sind sehr unterschiedlich. Dies dürfte die Folge verschiedener pH-Werte (Abb. 4.7c) sein, die jedoch alle oberhalb des isoelektrischen Punktes von Aluminiumoxid (IEP = 7,7) liegen. In diesem Bereich läßt sich die Dissoziation der Metalloxide durch folgende Gleichung beschreiben:

$$M{-}OH + OH^- \longrightarrow M{-}O^- + H_2O$$

Für das ESA-Signal resultieren deshalb negative Werte.
Mit Hilfe der elektrokinetischen Schallanalyse konnte somit nachgewiesen werden, daß der Zusatz von Mikrokapseln keine destabilisierenden Auswirkungen auf den Schlicker hat. Folglich kann eine Reaktion der Mikrokapseln mit der sehr reaktiven Oberfläche des Aluminiumoxids ausgeschlossen werden.

4.3.4 Rheologie

4.3.4.1 Grundlagen der Rheologie

Eine sehr wichtige Anforderung an den Schlicker ist seine Gießbarkeit. Keramische Schlicker sind wäßrige, kolloidale bis grobdisperse Systeme, die als nicht-NEWTONsche Flüssigkeiten mit einem Feststoffgehalt > 10 Gew.-% zu bezeichnen sind [89]. Häufig ist die Erscheinung der Dilatanz zu beobachten, d.h. daß der Schlicker sich bei jeder Bewegung verfestigt [99]. Diese beim Gießen des Schlickers unerwünschte Erscheinung muß durch Zugabe von Wasser ausgeglichen werden, wodurch die Stabilität der Suspension beeinträchtigt wird. Günstiger ist dagegen das ebenfalls zu beobachtende thixotrope Verhalten eines Schlickers, d.h. durch Bewegung wird er flüssig. Die Erklärung dieser Phänomene liegt in der Anordnung der Partikel in Keramiksuspensionen. Sie nehmen eine sogenannte „Kartenhausstruktur" ein, die aus einem Gerüst von sich an Kanten und Flächen berührenden Partikeln aufgebaut wird [100]. Da dieser Teilchenverbund zunächst gebrochen werden muß, bevor ein gleichmäßiges Fließen stattfinden kann, ist bei rheologischen Messungen eine Fließgrenze erkennbar.

Ein organisch stabilisierter Schlicker sollte sich durch nahezu NEWTONsches Fließverhalten ohne merkliche Thixotropieeffekte und eine niedrige Fließgrenze auszeichnen. Dabei sind je nach Anwendungsbereich Viskositäten im Bereich von 0,05 Pa·s bis 500 Pa·s eine Richtlinie für gut fließfähige Gießmassen.

4.3.5 Ergebnisse der rheologischen Untersuchungen

Die rheologischen Eigenschaften der Schlicker wurden in einem Rotationsversuch bestimmt. Durch die Aufnahme der Fließkurve (Messung der Schubspannung τ in Abhängigkeit vom Schergeschwindigkeitsgefälle D) und der Viskositätskurve (Messung der Viskosität η in Abhängigkeit vom Schergeschwindigkeitsgefälle D) mit Hilfe eines Rotationsviskosimeters kann die Schlickerkonsistenz kontrolliert werden.
Für die Messung wird ein zylinderförmiger Rotor in den Schlicker getaucht, dessen Rotationsgeschwindigkeit (Schergeschwindigkeit) kontinuierlich bis 1000 U·min^{-1} gesteigert und anschließend wieder auf Null reduziert wird.
Die Fließkurven der Schlicker sind in Abb. 4.9 dargestellt. Abb. 4.10 zeigt die Viskositätskurven der Gießmassen. Zum Vergleich wurde zusätzlich ein Schlicker ohne Zusatz einer Mikrokapseldispersion vermessen.

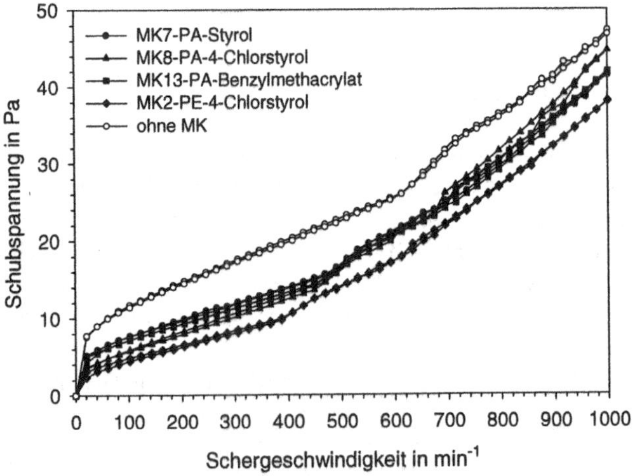

Abb. 4.9: Fließkurven von Schlickern mit Mikrokapseln als Binder

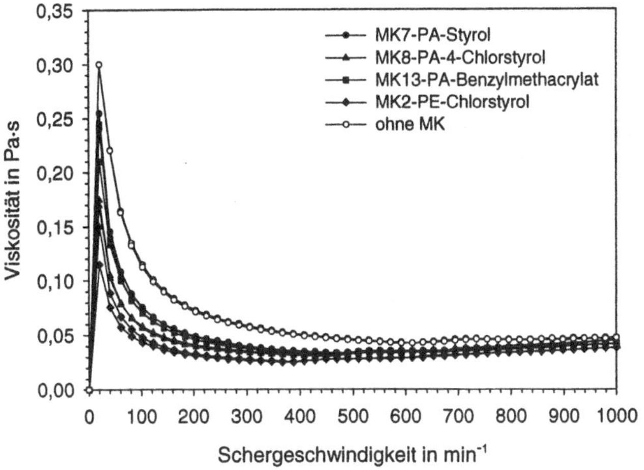

Abb. 4.10: Viskositätskurven von Schlickern mit Mikrokapseln als Binder

Alle Proben weichen in ihrem rheologischen Verhalten nur geringfügig voneinander ab und zeigen auch im Vergleich mit dem Schlicker ohne Mikrokapselzusatz keine signifikanten Veränderungen.

Die Fließkurven der Gießmassen (Abb. 4.9) zeigen bei geringeren Schergeschwindigkeiten strukturviskoses Verhalten; mit höheren Schergeschwindigkeiten erfolgt ein Übergang auf nahezu NEWTONsches Fließverhalten. Bei allen Fließkurven ist außerdem eine schwache Fließgrenze zu erkennen. Die Erklärung dafür liegt in der beschriebenen Anordnung der Partikeln des Gießschlickers im ruhenden Zustand. Bei steigender Schubspannung kommt es zur schrittweisen Auflösung des Teilchenverbundes und damit zum Abbau des viskositätserhöhenden Einflusses. Thixotrope Effekte waren bei den Messungen jedoch nur schwach zu beobachten, was auf die nahezu ideal dispergierende bzw. verflüssigende Wirkung des Systems D6/Mikrokapseldispersion hinweist. Alle Messungen weisen einen Knick auf, der gerätetechnisch bedingt ist und daher unbeachtet bleibt.

Die Viskositätskurven in Abb. 4.10 zeigen im Geschwindigkeitsbereich von 200-1000 $U \cdot min^{-1}$ für alle Schlicker niedrigviskoses Fließverhalten (η = 0,05 Pa·s). Der Viskositätsanstieg bei Geschwindigkeiten < 200 $U \cdot min^{-1}$ auf bis zu 250 Pa·s beeinflußt die Schlickeraufbereitung bzw. das Abgußverhalten der mikrokapselhaltigen Gießmassen jedoch kaum und ist auch ohne Binder zu beobachten.

4.4 Optimierung der Grünkörpereigenschaften durch Variation des Binderanteils

In den vorhergehenden Kapiteln konnte unter stets gleichen Versuchsbedingungen gezeigt werden, daß sich Mikrokapseln mit verschiedenen Hüllwandpolymeren und radikalisch polymerisierbaren Monomeren als Kernmaterial sehr gut im Schlicker verarbeiten lassen und keine Unterschiede in ihrem Verhalten aufweisen.
Anhand einer Versuchsreihe soll nun durch Variation der Art und Menge der zum Schlicker zugegebenen Mikrokapseldispersion eine gezielte Einstellung der Grünkörpereigenschaften erreicht werden. Dazu werden durch Schlickerguß Formkörper hergestellt und bezüglich ihrer Scherbenbildung und Gründichte charakterisiert. Nach der anschließenden thermischen Behandlung wurde die Festigkeit der Probekörper anhand eines 4-Punkt-Biegebruchversuchs überprüft.

4.4.1 Schlickeraufbereitung

Die Schlickeraufbereitung erfolgte analog dem in Kapitel 4.2 beschriebenen Standardansatz. Die hergestellten Schlicker unterscheiden sich in folgenden Parametern:

- Variation der Mikrokapseldispersion
- Variation des Mikrokapseldispersionanteils, bezogen auf den Feststoffgehalt des α-Aluminiumoxids: 0,5 Gew.-%, 1,0 Gew.-%, 2,0 Gew.-%, 3,0 Gew.-%
- Zusatz einer Wachsemulsion mit 40 Gew.-% Feststoffanteil als zweiten Binder: 0,5 Gew.-%, 1,0 Gew.-%, 2,0 Gew.-%, 3,0 Gew.-%

Zusätzlich wurde als Blindprobe ein Schlicker ohne Binderzusatz hergestellt. Die Schlickeransätze sind in Tab. 4.4 zusammengefaßt. Eine ausführlichere Darstellung sämtlicher Schlickeransätze befindet sich im Anhang dieser Arbeit.

Tab. 4.4: Schlickeransätze

Ansatz	Mikrokapseldispersion	MK in Gew.-%	Wachsemulsion in Gew.-%
S1	MK7-PA-Styrol	0,5	-
S2	MK7-PA-Styrol	0,5	0,5
S3	MK7-PA-Styrol	1,0	-
S4	MK7-PA-Styrol	1,0	1,0
S5	MK7-PA-Styrol	2,0	-
S6	MK7-PA-Styrol	2,0	2,0
S7	MK7-PA-Styrol	3,0	-
S8	MK7-PA-Styrol	3,0	3,0
S9	MK19-PA-Styrol/AIBN	2,0	-
S10	MK8-PA-4-Chlorstyrol	0,5	-
S11	MK8-PA-4-Chlorstyrol	0,5	0,5
S12	MK8-PA-4-Chlorstyrol	1,0	-
S13	MK8-PA-4-Chlorstyrol	1,0	1,0
S14	MK8-PA-4-Chlorstyrol	2,0	-
S15	MK8-PA-4-Chlorstyrol	2,0	2,0
S16	MK8-PA-4-Chlorstyrol	3,0	-
S17	MK8-PA-4-Chlorstyrol	3,0	3,0
S18	MK13-PA-Benzylmethacrylat	0,5	-
S19	MK13-PA-Benzylmethacrylat	0,5	0,5
S20	MK13-PA-Benzylmethacrylat	1,0	-
S21	MK13-PA-Benzylmethacrylat	1,0	1,0
S22	MK13-PA-Benzylmethacrylat	2,0	-
S23	MK13-PA-Benzylmethacrylat	2,0	2,0
S24	MK13-PA-Benzylmethacrylat	3,0	-
S25	MK13-PA-Benzylmethacrylat	3,0	3,0
S26	MK2-PE-4-Chlorstyrol	0,5	-
S27	MK2-PE-4-Chlorstyrol	0,5	0,5
S28	MK2-PE-4-Chlorstyrol	1,0	-
S29	MK2-PE-4-Chlorstyrol	1,0	1,0
S30	MK2-PE-4-Chlorstyrol	2,0	-
S31	MK2-PE-4-Chlorstyrol	2,0	2,0
S32	MK2-PE-4-Chlorstyrol	3,0	-
S33	MK2-PE-4-Chlorstyrol	3,0	3,0
S34	kein Binderzusatz		

AIBN: 2,2´-Azobis(isobutyronitril)

4.4.2 Herstellung der Grünkörper durch Schlickerguß

Beim Schlickerguß [46-50] wird der Schlicker in eine poröse Gipsform gegossen. Diese Form entzieht dem Schlicker die Flüssigkeit, woduch ein entsprechend der Innenkontur der Gipsform geformter Körper entsteht. Dieser an der Formenoberfläche auftretende Effekt wird Scherbenbildung genannt. Während des Trocknens [101] des Formkörpers bei Raumtemperatur schwindet dieser und trennt sich von der Wand der Gipsform, so daß er leicht entformt werden kann. Die endgültige Trocknung erfolgt außerhalb der Gipsform.

Es werden drei Schlickergußarten unterschieden: der Hohlguß, der Vollguß und der Kernguß.

Beim *Hohlgußverfahren* wird der überschüssige Schlicker nach einer, zur Bildung der gewünschten Wandstärke, gewählten Verweilzeit ausgegossen. Mit Hilfe dieses Verfahrens wurden Becher mit einer Höhe von 74 mm und einem Durchmesser von 60 mm bzw. 40 mm hergestellt. Nach einer weiteren Verweilzeit wird der nun weitgehend trokkene, handfeste Körper der Gipsform entnommen.

Zur Herstellung von quaderförmigen Prüfkörpern dient das *Vollgußverfahren.* Hier wird so lange Schlicker nachgegossen, bis die Form vollständig mit Feststoff aufgefüllt ist. Anschließend kann der fertige Körper entnommen werden. Der Vollguß erfolgt in Gipsformen, die eigens für die Herstellung von Standard-Biegebruchstäbchen mit den Maßen 15 mm x 15 mm x 150 mm hergestellt wurden. Die beiden beschriebenen Verfahren sind in Abb. 4.11 dargestellt.

Ein drittes, in dieser Arbeit jedoch nicht angewandtes Schlickergußverfahren ist der *Kernguß.* Hier wird ein Kern in die Gießform eingesetzt und der Raum zwischen Kern und Gießform mit Schlicker gefüllt. Der Kernguß ist besonders für die Herstellung dickwandiger Bauteile mit genauer Wandstärke geeignet.

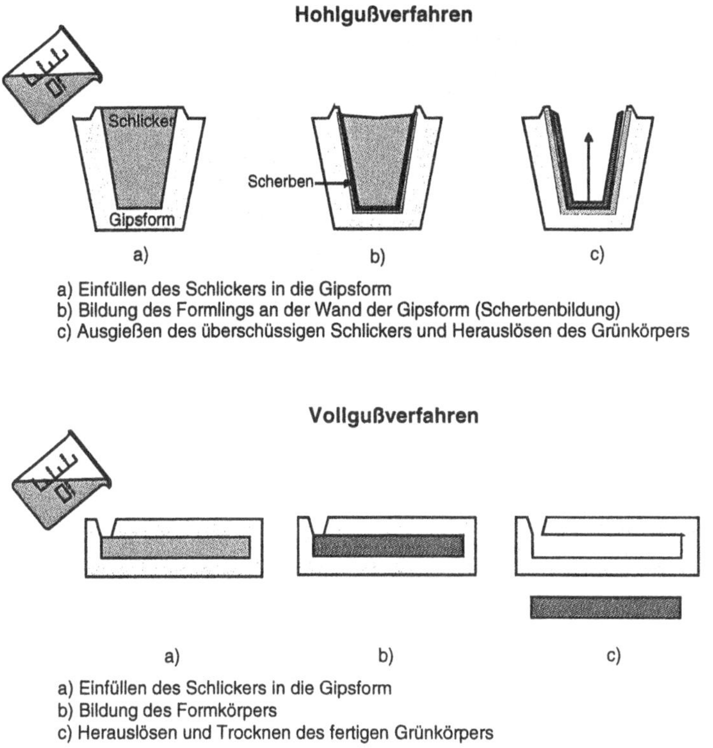

Abb. 4.11: Hohlguß- und Vollgußverfahren zur Grünkörperherstellung

Die Formen wurden vor jedem Gießprozeß 48 h in einem Klimaschrank bei 30 °C und 69 % relativer Luftfeuchte gelagert, wodurch bei allen Versuchen eine konstante Restfeuchte und damit ein gleichbleibendes Ansaugverhalten der Formen gewährleistet wird. Der Gießvorgang wurde bei Raumtemperatur durchgeführt. Nach dem Gießprozeß wurden die Formkörper noch weitere 24 h in der Form belassen, anschließend entformt und bei Raumtemperatur getrocknet.

In Abb. 4.12 sind ein nach dem Hohlgußverfahren angefertigter Becher, sowie ein nach dem Vollgußverfahren hergestelltes Stäbchen dargestellt.

Abb. 4.12: Grünkörper die nach dem Hohlguß- bzw. Vollgußverfahren hergestellt wurden

4.4.3 Charakterisierung der keramischen Grünkörper

Zur Charakterisierung der hergestellten Grünkörper wurde die Scherbenbildungsrate anhand der Becher und die Gründichte anhand der Stäbchen ermittelt.

4.4.3.1 Scherbenbildung

Die Scherbenbildung stellt ein wichtiges Maß zur Beurteilung der Qualität der keramischen Schlicker und schließlich der Festigkeit der keramischen Grünkörper dar und wird von verschiedenen Faktoren beeinflußt [51]:

- Feststoffgehalt im Schlicker
- Partikelgröße bzw. Agglomerationsgrad
- Viskosität des Dispergiermediums
- Porengröße und damit Permeabilität der Gießform

Beim Schlickerguß wandern die aufgeschwemmten Pulverteilchen im Strom der Flüssigkeit, die von der porösen Gipsform aufgesaugt wird, zur Formenwand. Unterstützt von der Brownschen Bewegung der Flüssigkeitsmoleküle bildet sich dort eine relativ dichte Schicht aus, deren Dickenwachstum mit zunehmender Verweilzeit aber ständig abnimmt. Dabei ist erstaunlich, daß sich auf einer Formenoberfläche, deren Porenkanäle einen Durchmesser von 50-100 µm besitzen, ein Scherben aus Partikeln mit einem Durchmesser von nur ca. 0,6 µm ausbildet, ohne die Poren der Form merklich zu verstopfen. Ursache für dieses Verhalten ist die Ausbildung einer Schicht aus Partikeln an der Formenoberfläche im Sinne eines Filtrationsprozesses (Abb. 4.13) [51]. Neben oberflächenchemischen Aspekten hängt diese Erstbelegung der Formenoberfläche mit Feststoffpartikeln vor allem von den gegenseitigen mechanischen Wechselwirkungen der Partikel ab. Über den Porenkanälen der Formenwand bilden sich zuerst Feststoffbrücken aus Partikeln. Darauf scheiden sich weitere Feststoffpartikel ab, die schließlich als arteigener Filter für den weiteren Scherbenbildungsprozeß wirken.

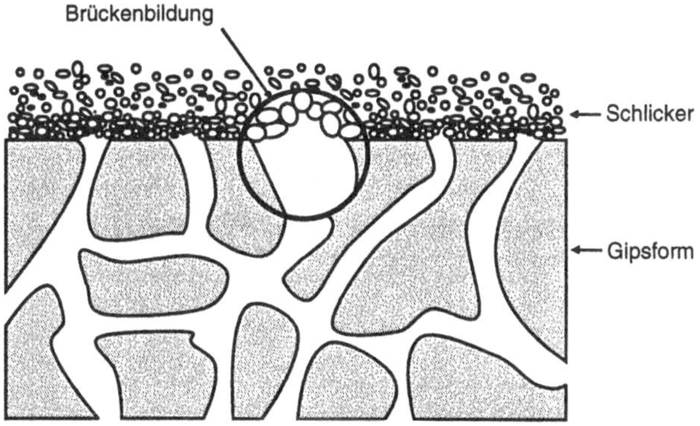

Abb. 4.13: Brückenbildung der Feststoffteilchen an der Formenoberfläche

Physikalisch gesehen ist die Scherbenbildung somit ein Filtrationsprozeß unter der Wirkung des kapillaren Saugvermögens der Form. Eine niedrige Scherbenbildungsrate würde eine zu lange Standzeit bis zum Entformungsvorgang bedingen. Erfolgt die Scherbenbildung jedoch zu schnell, so wird die Qualität des Formlings beeinträchtigt, da die Packungsdichte der Partikeln an der Formenwand ungenügend ist und nur mäßige Gründichtewerte (vgl. Kap. 4.4.3.2, S. 108) erreicht werden.
Die Bildung des Scherbens erfolgt allgemein nach einem Wurzel-Zeit-Gesetz, da dieser Prozeß diffusionskontrolliert abläuft und somit durch das 1. Ficksche Gesetz (Gl. 4.2) beschrieben werden kann.

$$\frac{dx}{dt} = \frac{1}{x} \cdot C_1 \qquad \text{Gl. 4.2}$$

C_1: Stoffkonstante
x: Scherbendicke

Durch Integration dieser Differentialgleichung mit den Anfangsbedingungen x = 0 und t = 0 erhält man

$$x^2 = 2 \cdot C_1 \cdot t \quad \text{bzw.} \quad x = \sqrt{2 \cdot C_1 \cdot t} \qquad \text{Gl. 4.3}$$

Eine Auftragung der Scherbendicke x gegen die Wurzel der Gießzeit liefert also im Idealfall eine Gerade, eine Auftragung gegen die Zeit folglich eine Parabel. Dies zeigt, daß die Geschwindigkeit der Scherbenbildung mit der Zeit abnimmt.
Da generell der Einfluß von Mikrokapseln mit unterschiedlichem Kernmaterial und Hüllwandpolymer auf die Scherbenbildung untersucht werden sollte, wurden von vier Schlickern, mit 2 Gew.-% Binderanteil (S5, S14, S22, S30) jeweils drei Becher gegossen. Zum Vergleich wurden von Schlicker S34 drei Becher ohne Binderzusatz hergestellt (Blindprobe). Als Verweilzeiten in den Gipsformen wurden für Gießschlicker mit Binderanteil 5 min, 10 min und 15 min gewählt; die Verweilzeiten des Gießschlickers ohne Binder betrugen 4 min, 9 min und 16 min. Nach Trocknung und Entformung der Becher wurde mit einer Schiebelehre die Wandstärke gemessen. Die Scherbendicken in Abhängigkeit von der Wurzel der Zeit sind in Abb. 4.14 graphisch dargestellt.

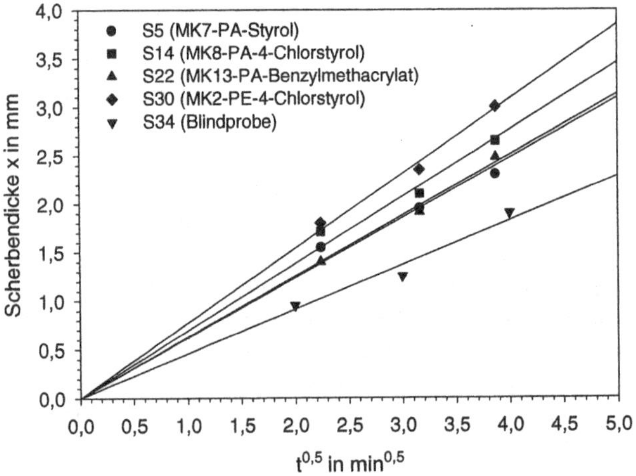

Abb. 4.14: Abhängigkeit der Scherbendicke von der Wurzel der Zeit

Aus Abb. 4.14 ist ersichtlich, daß für alle hergestellten Formkörper zwischen der Scherbendicke und der Wurzel der Zeit annähernd eine lineare Abhängigkeit besteht. Aus der Steigung der Geraden kann für jeden Schlicker die Scherbenbildungsrate berechnet werden. Die Ergebnisse sind in Abb. 4.15 graphisch dargestellt.

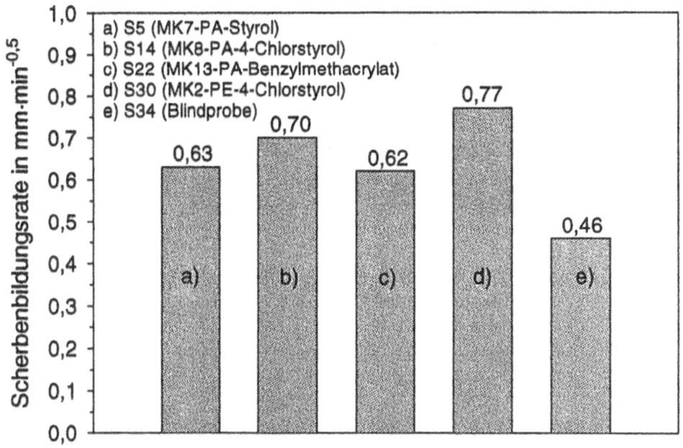

Abb. 4.15: Vergleich der Scherbenbildungsraten

Die Werte für die Scherbenbildungsrate der Mikrokapseldispersionen liegen deutlich über der Scherbenbildungsrate der Blindprobe. Die geringste Steigung der Geraden und damit die niedrigste Scherbenbildungsrate liefern Mikrokapseln mit Polyamidhüllwand und Styrol (S5) bzw. Benzylmethacrylat (S22) als Kapselinhalt. Der höchste Wert für die Scherbenbildung wurde für Mikrokapseln mit Polyesterhüllwand und 4-Chlorstyrol (S30) als Kapselinhalt berechnet.

Somit ist keine Beeinträchtigung der Scherbenbildung durch den Zusatz von Mikrokapseln gegeben, er bewirkt sogar eine deutliche Verbesserung der Scherbenbildungsrate, wie ein Vergleich mit der Blindprobe zeigte.

4.4.3.2 Dichte der Formkörper

Eine weitere Möglichkeit zur Beurteilung der Qualität der nach dem Schlickerguß erhaltenen Grünkörper ist ihre Dichte, die auch als Gründichte bezeichnet wird. Geht man theoretisch davon aus, daß die Partikel ideal sphärische Gestalt besitzen und nahezu monodispers verteilt sind, so erreicht man im Grünkörper im Idealfall eine Raumerfüllung von 74 %, was der dichtesten Kugelpackung entspricht. Durch gezielte Variation des Fein- und Grobanteils kann eine höhere Packungsdichte erzielt werden.
Die Gründichte wird in $g{\cdot}cm^{-3}$ und in % der theoretischen Dichte angegeben. Die theoretische Gründichte für Aluminiumoxid ist mit 3,96 $g{\cdot}cm^{-3}$ festgelegt [103].
Zur Bestimmung der Gründichte wurden von jedem Schlicker Stäbchen gegossen. Anschließend wurden die Probekörper mit einer Diamantdrahtsäge zugeschnitten, die genauen Abmessungen bestimmt und gewogen. Die Ergebnisse sind in Tab. 4.5 zusammengefaßt.

Tab. 4.5: Ergebnisse der Gründichtebestimmung

Ansätze	Mikrokapseln	MK in Gew.-%	Wachs in Gew.-%	Gründichte in $g \cdot cm^{-3}$	Gründichte in % d. th. Dichte
S1	MK7-PA-Styrol	0,5	-	2,38	60,1
S2	MK7-PA-Styrol	0,5	0,5	2,39	60,4
S3	MK7-PA-Styrol	1,0	-	2,41	60,9
S4	MK7-PA-Styrol	1,0	1,0	2,41	60,9
S5	MK7-PA-Styrol	2,0	-	2,41	60,9
S6	MK7-PA-Styrol	2,0	2,0	2,38	60,1
S7	MK7-PA-Styrol	3,0	-	2,36	59,6
S8	MK7-PA-Styrol	3,0	3,0	2,37	59,8
S9	MK19-PA-Styrol/AIBN	2,0	-	2,38	60,1
S10	MK8-PA-4-Chlorstyrol	0,5	-	2,33	58,8
S11	MK8-PA-4-Chlorstyrol	0,5	0,5	2,35	59,3
S12	MK8-PA-4-Chlorstyrol	1,0	-	2,32	58,6
S13	MK8-PA-4-Chlorstyrol	1,0	1,0	2,34	59,1
S14	MK8-PA-4-Chlorstyrol	2,0	-	2,32	58,8
S15	MK8-PA-4-Chlorstyrol	2,0	2,0	2,34	59,1
S16	MK8-PA-4-Chlorstyrol	3,0	-	2,27	57,3
S17	MK8-PA-4-Chlorstyrol	3,0	3,0	2,21	55,8
S18	MK13-PA-Benzylmeth.	0,5	-	2,38	60,1
S19	MK13-PA-Benzylmeth.	0,5	0,5	2,37	59,8
S20	MK13-PA-Benzylmeth.	1,0	-	2,30	58,1
S21	MK13-PA-Benzylmeth.	1,0	1,0	2,30	58,1
S22	MK13-PA-Benzylmeth.	2,0	-	2,32	58,6
S23	MK13-PA-Benzylmeth.	2,0	2,0	2,30	58,1
S24	MK13-PA-Benzylmeth.	3,0	-	2,25	56,8
S25	MK13-PA-Benzylmeth.	3,0	3,0	2,23	56,3
S26	MK2-PE-4-Chlorstyrol	0,5	-	2,45	61,9
S27	MK2-PE-4-Chlorstyrol	0,5	0,5	2,46	62,1
S28	MK2-PE-4-Chlorstyrol	1,0	-	2,46	62,1
S29	MK2-PE-4-Chlorstyrol	1,0	1,0	2,47	62,4
S30	MK2-PE-4-Chlorstyrol	2,0	-	2,46	62,2
S31	MK2-PE-4-Chlorstyrol	2,0	2,0	2,47	62,4
S32	MK2-PE-4-Chlorstyrol	3,0	-	2,40	60,6
S33	MK2-PE-4-Chlorstyrol	3,0	3,0	2,41	60,9
S34	kein Binderzusatz	-	-	2,39	60,4

Die verschiedenen Ansätze zeigen keine großen Unterschiede in ihren Werten für die Gründichte. Alle liegen mit ungefähr 60 % der theoretischen Dichte im Bereich der Gründichte der Blindprobe. Damit konnte die Verwendungsfähigkeit der Mikrokapseln als Binder ohne wesentliche Gründichtereduzierung nachgewiesen werden.

4.4.4 Trocknung und thermische Aktivierung der Bindersysteme

Nach der Herstellung der Grünkörper soll nun in einem Trocknungsschritt die thermische Aktivierung des Bindersystems durchgeführt werden. Für diesen Trocknungsschritt wurden die zur Gründichtebestimmung hergestellten Stäbchen verwendet. Die Wahl der Temperatur ist ein wichtiger Faktor bei der Trocknung der Grünkörper, da sie hoch genug sein muß, um die azohaltige Hüllwand aufzubrechen. Bei styrolhaltigen Mikrokapseln muß zusätzlich eine vorzeitige thermisch initiierte Polymerisation des Kerninhaltes verhindert werden.
Aufgrund der DSC-Ergebnisse der Modellpolymere (vgl. Kap. 2.2.6.2, S. 36), die die Mikrokapselhüllwand bilden, schien eine Temperatur von 100 °C zur thermischen Öffnung der Kapseln und damit zur Aktivierung des Bindersystems geeignet. Als Thermolysedauer wurde eine Zeitspanne von 15 h gewählt.
Tab. 4.6 faßt die Zustände der Formkörper nach dem Trocknungsvorgang zusammen. Dabei soll nicht nur das Verhalten der Proben bei der thermischen Behandlung, sondern auch direkt nach dem Gießprozeß beobachtet werden. Hier wiesen bereits einige Grünkörper Risse auf, sodaß auf eine thermische Behandlung verzichtet wurde.
Die dunklen Felder in Tab. 4.6 symbolisieren Fehlteile, die weißen Felder unbeschadete Formteile des jeweiligen Prozeßschrittes. Dabei wurde eine Fehlerfolge angewendet, so daß Teile, die nach der Trocknung bei Raumtemperatur bereits gerissen waren, auch bei der thermischen Behandlung als Fehlteil vermerkt wurden. Die hellgrauen Felder bedeuten, daß hier keine Versuche durchgeführt wurden.

Tab. 4.6: Verhalten der Grünkörper nach dem Schlickerguß und nach der Trocknung

	Mikrokapseln in Gew.-%				**Wachsemulsion in Gew.-%**			
	0,5	**1,0**	**2,0**	**3,0**	**0,5**	**1,0**	**2,0**	**3,0**
nach dem Schlickerguß								
MK7-PA-Styrol	keine Rißbildung	keine Rißbildung	keine Rißbildung	Rißbildung	keine Rißbildung	Rißbildung	keine Rißbildung	Rißbildung
MK8-PA-4-Chlorstyrol	keine Rißbildung	keine Rißbildung	keine Rißbildung	keine Rißbildung	keine Rißbildung	keine Rißbildung	Rißbildung	Rißbildung
MK13-PA-Benzlymeth.	keine Rißbildung	keine Rißbildung	keine Rißbildung	keine Rißbildung	keine Rißbildung	keine Rißbildung	keine Rißbildung	keine Rißbildung
MK19-PA-Styrol/AIBN	keine Versuche	keine Rißbildung	keine Versuche	keine Versuche	keine Versuche	keine Versuche	keine Versuche	keine Versuche
MK2-PE-4-Chlorstyrol	keine Rißbildung	keine Rißbildung	keine Rißbildung	Rißbildung	keine Rißbildung	keine Rißbildung	keine Rißbildung	keine Rißbildung
nach der Trocknung (100 °C)								
MK7-PA-Styrol	Rißbildung	Rißbildung	Rißbildung	Rißbildung	Rißbildung	Rißbildung	keine Rißbildung	Rißbildung
MK8-PA-4-Chlorstyrol	keine Rißbildung	Rißbildung	Rißbildung	keine Rißbildung	Rißbildung	keine Rißbildung	Rißbildung	Rißbildung
MK13-PA-Benzlymeth.	keine Rißbildung	Rißbildung	Rißbildung	keine Rißbildung	keine Rißbildung	Rißbildung	keine Rißbildung	Rißbildung
MK19-PA-Styrol/AIBN	keine Versuche	keine Rißbildung	keine Versuche	keine Versuche	keine Versuche	keine Versuche	keine Versuche	keine Versuche
MK2-PE-4-Chlorstyrol	Rißbildung	keine Rißbildung	Rißbildung	Rißbildung	keine Rißbildung	Rißbildung	keine Rißbildung	Rißbildung

- (dunkel) Rißbildung
- (weiß) keine Rißbildung
- (hell gerastert) keine Versuche

Bei der thermischen Behandlung wurde erstmals im Rahmen der Charakterisierung der Formteile der Einfluß der verschiedenen Bindertypen deutlich, denn beim Trocknungsprozeß trat teilweise starke Rißbildung auf. Ursache hierfür ist möglicherweise die durch Temperaturerhöhung bewirkte Entwicklung gasförmiger Produkte im Formkörper. Der bei der Öffnung der Mikrokapseln entstehende Stickstoff kann durch die Porenkanäle nicht genügend abgeführt werden, sodaß es zu Spannungen und hohem Gasdruck im Material kommt; ein Bruch des Bauteils war die Folge dieses Vorgangs. Eine signifikante Abhängigkeit der Rißbildung von der Binderart und Bindermenge wurde jedoch nicht beobachtet.

Bei sämtlichen Stäbchen war nach dem thermischen Prozeß eine gelbliche Verfärbung zu beobachten.

4.4.5 4-Punkt-Biegebruchtest

Die Stäbchen, die den thermischen Prozeß unbeschadet überstanden haben, wurden hinsichtlich ihres Bruchverhaltens charakterisiert.
Die Versuche zur Bestimmung der Biegefestigkeit von keramischen Grünkörpern wurden auf einer genormten Biegeprüfmaschine im 4-Punkt-Biegebruchverfahren durchgeführt (Abb. 4.16). Diese Biegeprüfmaschine besitzt vier Auflager mit genau festgelegten Abständen. Zwei Auflager dienen als Stützen (Abstand 120 mm), die anderen zwei Auflager stellen die symmetrisch verteilt angreifenden Lasten dar (Abstand 60 mm). Die an vier Punkten belastete Probe erfährt eine Durchbiegung, wobei auf ihrer Unterseite eine Zugbeanspruchung auftritt. An dieser Stelle setzt auch der Materialbruch ein.

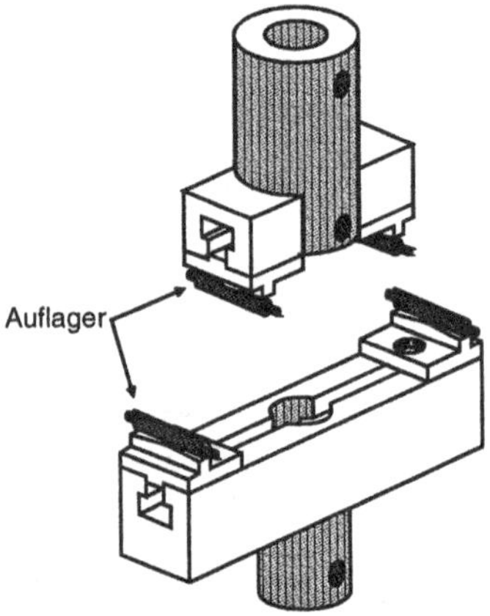

Abb. 4.16: Schematische Darstellung einer Biegeprüfmaschine

Für die Messung wurden die Stäbchen jeweils mit einer Kraft von 10 N vorbelastet und anschließend der obere Teil der Maschine mit einer Geschwindigkeit von 0,2 $mm \cdot min^{-1}$ nach unten gefahren.
Zunächst wurden Kraft-Wege-Diagramme aufgenommen und die erhaltenen Werte der maximalen Druckkraft bis zum Bruch des Prüfkörpers in Biegespannungen umgerechnet. Diese Biegespannung berechnet sich aus dem Quotient des erzeugten Biegemoments M und dem Widerstandsmoment W der Querschnittsfläche des Prüfkörpers (Gl. 4.4) [104, 105].

$$\sigma_{4B} = \frac{M}{W} \quad \text{mit} \quad M = \frac{F_{max}}{4} \cdot (L - l) \quad \text{und} \quad W = \frac{b \cdot h^2}{6} \qquad \text{Gl. 4.4}$$

σ_{4B}: Biegespannung in MPa
M: Biegemoment in N·mm
W: Widerstandsmoment in mm^3
F_{max}: Maximalkraft in N
b: Breite des Probekörpers in mm
h: Höhe des Probekörpers in mm
L: Abstand der Stützrollen in mm
l: Abstand der Lastrollen in mm, l = L/2

Daraus ergibt sich für die 4-Punkt-Biegespannung folgende Gleichung:

$$\sigma_{4B} = \frac{3 \cdot F_{max} \cdot (L - l)}{2 \cdot b \cdot h^2} \qquad \text{Gl. 4.5}$$

Abb. 4.17 und Abb. 4.18 zeigen das Bruchverhalten von Biegebruchstäbchen, die verschiedene Binderpolymere enthalten (Spannungs-Weg-Diagramm). Zum Vergleich enthält Abb. 4.17 das Ergebnis einer Messung mit einem kommerziell erhältlichen Binder. Dabei handelt es sich um Halwedrol OX 57-1/40W, eine anionische Dispersion eines Polyurethanharzes in Wasser der Fa. Hüttenes-Albertus-Lackrohstoffe GmbH. Im Anschluß faßt Tab. 4.7 die Werte für die Biegespannung zusammen.

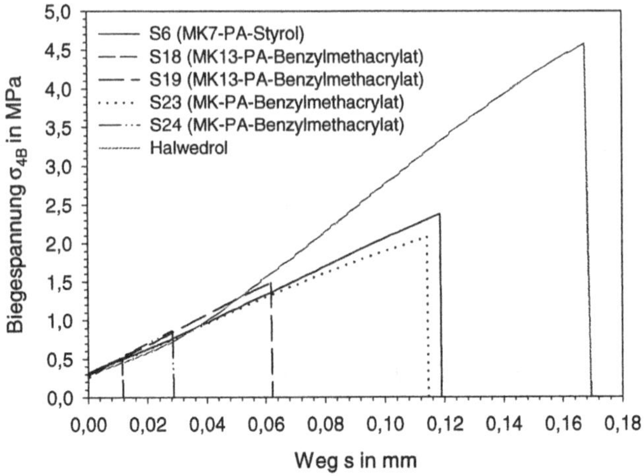

Abb. 4.17: Spannungs-Weg-Diagramm für Grünkörper mit verschiedenen Bindersystemen

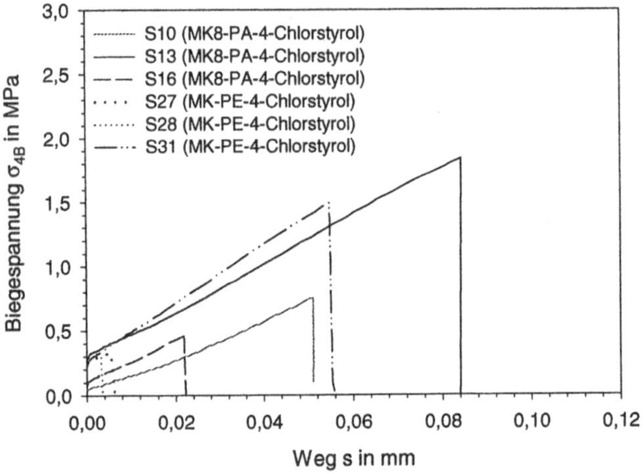

Abb. 4.18: Spannungs-Weg-Diagramm für Grünkörper mit verschiedenen Bindersystemen

Tab. 4.7: Gemessene Biegespannungen σ_{4B} der Stäbchen

Ansatz	Binder	Binder in Gew.-%	Wachsemulsion in Gew.-%	Biegespannung σ_{4B} in MPa
S6	MK7-PA-Styrol	2,0	2,0	2,377
S10	MK8-PA-4-Chlorstyrol	0,5	-	0,753
S13	MK8-PA-4-Chlorstyrol	1,0	1,0	1,838
S16	MK8-PA-4-Chlorstyrol	3,0	-	0,460
S18	MK13-PA-Benzylmethacrylat	0,5	-	1,487
S19	MK13-PA-Benzylmethacrylat	0,5	0,5	0,514
S23	MK13-PA-Benzylmethacrylat	2,0	2,0	2,075
S24	MK13-PA-Benzylmethacrylat	3,0	-	0,803
S27	MK2-PE-4-Chlorstyrol	0,5	0,5	0,327
S28	MK2-PE-4-Chlorstyrol	1,0	-	0,294
S31	MK2-PE-4-Chlorstyrol	2,0	2,0	1,493
	Halwedrol*)	2,0	-	4,581

*) Probe vom Institut für Materialforschung, Bayreuth

Die Messung des Stäbchens mit MK19-PA-Styrol/AIBN fehlt, da es bereits unter der Vorbelastung gebrochen ist. Der geradlinigen Verlauf sämtlicher Kurven weist auf Sprödbruchverhalten hin. Die höchsten Werte für die Biegespannung lieferten für unterschiedliche Mikrokapselsysteme Stäbchen die 2 Gew.-% Binder und zusätzlich 2 Gew.-% Wachs enthielten. Von diesen Probekörpern wurden die höchsten Werte für Stäbchen mit MK7-PA-Styrol und MK14-PA-Benzylmethacrylat gemessen. Ihre Biegespannung lag etwa 100 % über den Werten der meisten anderen Stäbchen. Probekörper, die bereits unter geringster Krafteinwirkung gebrochen sind, enthielten fast ausschließlich die niedrigsten Binderanteile.

Es konnte somit festgestellt werden, daß mit steigendem Binderanteil die Festigkeit der Probekörper zunimmt, eine signifikante Abhängigkeit von der Binderart wurde jedoch nicht beobachtet.

5 Zusammenfassung

Ziel dieser Arbeit war die Entwicklung neuer polymerer Bindersysteme zur Erhöhung der Grünfestigkeitswerte und zur Verbesserung der Verarbeitbarkeit keramischer Formkörper. Mit dem Einsatz von thermolabilen Mikrokapseln, die radikalisch polymerisierbare Monomere als Kernmaterial enthalten, sollte der polymere Binder bei der thermischen Aktivierung im Rahmen eines Trocknungsschrittes im Formkörper gebildet werden.

Die Arbeit gliederte sich in drei Teile, die Synthese von azohaltigen Modellpolymeren im Hinblick auf ihre Verwendung als thermolabiles Hüllwandmaterial, die Herstellung der Mikrokapseln und deren Einsatz als Binder zur Herstellung keramischer Formkörper.

Modellpolymere

Zur Synthese thermolabiler Modellpolymere wurden zunächst zwei verschiedene symmetrische, difunktionelle Azoverbindungen synthetisiert und deren thermische Zersetzung mittels TGA- bzw. DSC-Messungen untersucht.

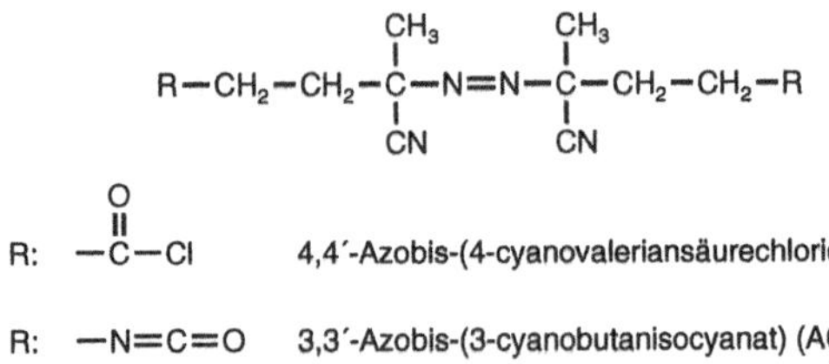

4,4´-Azobis-(4-cyanovaleriansäurechlorid) (ACVCl

3,3´-Azobis-(3-cyanobutanisocyanat) (ACBI)

Die Synthese der Modellpolymeren erfolgte durch Grenzflächenpolykondensation bzw. -addition. Zur Darstellung von linearen und vernetzten Polyamiden wurde 4,4´-Azobis-(4-cyanovaleriansäurechlorid) (ACVCl) mit Ethylendiamin und Diethylentriamin umgesetzt. Durch Cokondensation von ACVCl mit Terephthalsäuredichlorid wurde der Azogehalt im Polymeren variiert, die Cokondensation mit dem trifunktionellen 1,3,5-Benzoltricarbonsäuretrichlorid führte zusätzlich zu einer weiteren Erhöhung des Vernetzungsgrades.

Polyester resultierten aus der Umsetzung von ACVCl mit Dihydroxybiphenyl. Zur Vernetzung bzw. zur Variation des Azogehaltes wurde ACVCl mit 1,3,5-Benzoltricarbonsäuretrichlorid cokondensiert.

Durch Umsetzung von 3,3´-Azobis-(3-cyanobutanisocyanat) (ACBI) mit Ethylendiamin war im Zuge einer Grenzflächenpolyaddition ein Polyharnstoff zugänglich.
Außerdem wurde durch Reaktion von Bis-(3-aminophenyl)-sulfon mit 1,3-Benzoldithiol ein Polydiaryldiazosulfid synthetisiert.
Somit standen vier Klassen von Modellverbindungen als Hüllwandmaterialien zur Synthese thermolabiler Mikrokapseln zur Verfügung.
Erkenntnisse über das Thermolyseverhalten sämtlicher Polymere, sowie über den Azogehalt in den Polymerketten konnten mittels TGA- bzw. DSC-Messungen erhalten werden.

Mikrokapseln

Thermolabile Mikrokapseln wurden durch Grenzflächenpolykondensation bzw. -addition unter Verwendung der Modellpolymere als Hüllwandmaterialien synthetisiert. Zunächst wurden Polyamid-Mikrokapseln unter Variation verschiedener Parameter wie Kernmaterial, Azogehalt und Vernetzungsgrad der Hüllwand hergestellt.
Die thermische Öffnung dieser Kapseln konnte durch UV/VIS-spektroskopische Messungen des bei der Thermolyse freigesetzten Farbstoffs Resohn-Rot nachgewiesen werden. Die dabei erwartete Abhängigkeit der Freisetzungsgeschwindigkeit vom Azogehalt und dem Vernetzungsgrad der Hüllwand, dem Hüllwandanteil (Gewichtsverhältnis von Wandmaterial zur Summe von Wandmaterial und Kernmaterial) und der Thermolysetemperatur wurde bestätigt.
Bei der Auswahl radikalisch polymerisierbarer Monomere als Kapselinhalt spielt neben Siedepunkt und Dichte v.a. die zur Mikroverkapselung erforderliche Löslichkeit der Säurechloride bzw. Isocyanate eine wichtige Rolle. Dabei erwiesen sich neben Styrol und 4-Chlorstyrol auch Methacrylate mit hydrophoben Resten wie z.B. Benzylmethacrylat als gut geeignet. Zusätzlich gelang die Synthese von Mikrokapseln mit dem in Styrol gelösten Initiator 2,2´-Azobis-(isobutyronitril) (AIBN) als Kernmaterial.
Neben Polyamid-Mikrokapseln wurden Mikrokapseln mit Polyester- Polyharnstoff- und Polydiaryldiazosulfidhüllwänden unter Verwendung radikalisch polymerisierbarer Monomere als Kapselinhalt synthetisiert.
Die Ergebnisse der Dichtebestimmung einiger monomergefüllter Mikrokapseln ergaben Kapseldichten, die nur geringfügig von der Dichte des Kapselinhaltes abweichen und im Bereich der Dichte von Wasser liegen und damit für den Einsatz im Schlicker geeignet wären.
Die Kapselgrößenverteilungen wurden mit Hilfe eines Lasergranulometers bestimmt. Die mittleren Durchmesser der synthetisierten Kapseln liegen im Bereich 1,5-2,2 µm. Mikrokapseln dieser Größenordnung sind gegen mechanische Belastung relativ unempfindlich, so daß die Öffnung fast ausschließlich thermisch erfolgt. Mit Hilfe der Lasergranulometrie konnte der Einfluß verschiedener Syntheseparameter wie Dispergiergeschwindigkeit, Rührergeometrie und Rührerleistung, Art und Konzentration des

Dispergiermittels sowie des Viskositätsverhältnisses der inneren und äußeren Phase auf die Mikrokapselgröße nachgewiesen werden.
Unter dem Lichtmikroskop waren die Mikrokapseln als kugelförmige Gebilde erkennbar. Detaillierte Informationen über die Morphologie der Kapseln konnten mit Hilfe der Rasterelektronenmikroskopie (Kryo-REM und Niederspannungs-REM) gewonnen werden. Die Niederspannungs-REM erwies sich aufgrund ihrer schonenden Präparationstechnik als ein besonders geeignetes Verfahren.

Keramische Formkörper

Im dritten Teil der Arbeit wurde die Binderwirkung der thermolabilen Mikrokapseln mit radikalisch polymerisierbarem Kapselinhalt in keramischen Schlickern untersucht.
Zur Synthese der Kapseln wurden als Hüllwandmaterialien Polyamide (Azogehalt 61 Gew.%), Polyester (Azogehalt 54 Gew.%) und Polydiaryldiazosulfide (Azogehalt 100 Gew.%) verwendet. Als Kernmaterialien wurden Styrol, 4-Chlorstyrol und Benzylmethacrylat, sowie Styrol mit gelöstem AIBN eingesetzt.
Zunächst wurde die Verträglichkeit der Mikrokapseln mit den Bestandteilen des Schlickers geprüft. Dazu wurden die Mikrokapseln als wäßrige Dispersion mit α-Aluminiumoxid und der als Dispergiermittel und Verflüssiger dienenden Polyacrylsäure zu wäßrigen keramischen Gießschlickern verarbeitet und diese in ihren Eigenschaften wie Agglomerationsverhalten und Rheologie charakterisiert. Polydiaryldiazosulfid-Mikrokapseln zersetzten sich schon während des Einrührens, so daß hier keine weiteren Untersuchungen erfolgten. Vergleiche mit einem Schlicker ohne Binderzusatz ergaben keine Veränderungen der Partikelgrößenverteilung des α-Aluminiumoxids. Die mittels eines Rotationsviskosimeters bestimmten rheologischen Eigenschaften des Schlickers ergaben erwartungsgemäß ein leicht strukturviskoses Fließverhalten mit Viskositätswerten im Bereich gut fließfähiger Gießmassen (50 mPa·s). Die elektrokinetische Schallanalyse (ESA) ergab keine Hinweise auf Wechselwirkungen zwischen Mikrokapseln und Aluminiumoxidpartikeln, was für die Anwendung der Mikrokapseln in dieser Technologie eine wichtige Voraussetzung war.
Aufbauend auf diesem Befund wurden aus den Gießmassen nach dem Schlickergußverfahren keramische Grünkörper (Becher und Stäbchen) hergestellt. Zur gezielten Optimierung dieser Grünkörper wurden die verschiedenen Mikrokapseldispersionen in unterschiedlichen Gewichtsanteilen zugesetzt. Einige Schlickeransätze enthielten als zusätzlichen Binder eine Wachsemulsion. Für alle Ansätze ergab sich die geforderte lineare Abhängigkeit der Scherbenbildung von der Wurzel der Zeit. Die daraus bestimmten Scherbenbildungsraten lagen im Bereich 0,62-0,77 $mm \cdot min^{-0,5}$ und damit deutlich über dem Wert für den Grünkörper ohne Binderzusatz (0,46 $mm \cdot min^{-0,5}$). Für die Gründichte wurden ebenfalls übliche Werte von ca. 60 % d. th. Dichte ermittelt.
Die abschließende thermische Aktivierung des Bindersystems im Rahmen eines Trocknungsschrittes erfolgte bei 100 °C. Dabei war bei einigen Formkörpern Rißbildung zu beobachten.

Für die Festigkeiten der unversehrten Formkörper ergaben sich in 4-Punkt-Biegebruchversuchen Biegespannungen von bis zu 2,4 MPa bei 2 Gew.% Binder. Verglichen mit der Biegespannung eines kommerziellen Binders (Halwedrol) von 4,6 MPa ist dieses Ergebnis akzeptabel. Es konnte jedoch sowohl bei der Rißbildung nach dem Trocknungsschritt, als auch bei der Festigkeit der Formkörper keine signifikante Abhängigkeit von der Art der Mikrokapselhüllwand oder vom Kapselinhalt festgestellt werden.

In dieser Arbeit konnte also die prinzipielle Eignung der Mikrokapseln mit radikalisch polymerisierbarem Kernmaterial als Bindermaterial gezeigt werden.

6 Experimenteller Teil

6.1 Allgemeines

6.1.1 Geräte und Hilfsmittel

Biegebruch	Fa. Instron (Univ. Bayreuth)
Diamantdrahtsäge	Fa. Well (Univ. Bayreuth)
Dichtemessungen	Fa. Heraeus/Paar, Digitaler Dichtemesser DMA 02 C
DSC	Fa. Perkin-Elmer, DSC 7 Al-Pfännchen mit Loch, Heiz-/Kühlrate 20 $K \cdot min^{-1}$.
Elektrokinetische Schallanalyse	Fa. Matec, MBS 8000 (Univ. Bayreuth)
FT-IR-Spektroskopie	Fa. Bruker, IFS 55
GPC	Fa. Knauer: HPLC-Pumpe (Modell 64) RI-Detektor (Modell 2050), Eluent DMF Waters Styragel-Säule Kalibrierung mit PEO-Standard Flußrate: 0,5 $mL \cdot min^{-1}$
Heiztisch	Fa. Mettler, FP 52
Laborreaktor	Fa. Jahnke & Kunkel, IKA Labortechnik IKA Laborreaktorsystem LR-A 250
Lasergranulometrie	CILAS Granulometer HR 850 B (Univ. Bayreuth, Fa. Huber)
Lichtmikroskopie	Fa. Leitz, Dialux 20 Fa. Zeiss, Axioskop
NMR	ARX-300, Fa. Bruker ^{1}H-NMR: 300,13 MHz, ^{13}C-NMR: 75,47 MHz Standard: TMS (δ = 0,00 ppm)

Rotationsviskosimeter	Fa. Physica, Rheolab MC 10 (Univ. Bayreuth)
REM	Fa. Leo, DSM 982 Gemini (IPF Dresden e.V.) JEOL JSM 840 A (Univ. Bayreuth)
STA	Fa. Polymer Laboratories, STA-1500 Aluminiumpfännchen, Gas: synth. Luft., Heizrate 10 $K \cdot min^{-1}$.
UV/VIS	Fa. Varian, Cary 3
Ultraturraxrührer	Fa. Janke & Kunkel, IKA Labortechnik, T25 Dispergierwerkzeug: S25N-10G, S25N-25F

6.1.2 Chemikalien und Lösungsmittel

Die verwendeten Lösungsmittel wurden durch Rektifikation gereinigt. Chloroform, Dichlormethan und Toluol wurden für hydrolyseempfindliche Umsetzungen nach gängigen Verfahren getrocknet, destilliert und unter einer Inertgasatmosphäre (N_2) über Molekularsieb (4 Å) aufbewahrt.
Chemikalien und Monomere wurden von den Firmen Aldrich, Fluka und Röhm in unterschiedlichen Reinheitsgraden bezogen. Die Chemikalien wurden entweder nach dem Standardverfahren gereinigt oder direkt eingesetzt. Die Monomere Styrol, 4-Chlorstyrol und Benzylmethacrylat wurden säulenchromatographisch über Al_2O_3 (Alumina-Super B, Fa. ACN Biomedicals) entstabilisiert und unter Inertgasatmosphäre (N_2) und unter Lichtausschluß gelagert.
Das α-Aluminiumoxid Typ A16 wurde von der Fa. Alcoa bezogen. Die Gipsformen wurden vom Institut für Materialforschung (IMA, Univ. Bayreuth) selbst hergestellt. Der Formengips (Typ Extra 66) wurde von den Heidelberger Zementwerken geliefert. Die Polyacrylsäure PA15 wurde von der Fa. BASF, die Wachsemulsion KSE von der Fa. Höchst erhalten.

6.2 Synthese und Charakterisierung

6.2.1 Azoverbindungen

6.2.1.1 4,4´-Azobis-(4-cyanovaleriansäurechlorid) (ACVCl)

Synthesevorschrift:
15 g (0,053 mol) 4,4´-Azobis-(4-cyanovaleriansäure) (ACVS) werden in 180 mL Toluol suspendiert und im Eisbad auf 0 °C abgekühlt. Nachdem 30 g (0,14 mol) Phosphorpentachlorid zugegeben wurden, läßt man den Ansatz auf Raumtemperatur erwärmen und rührt noch über Nacht. Nach beendigter Reaktion wird das Lösungsmittel zusammen mit dem entstehenden Phosphoroxychlorid im Vakuum abdestilliert und der gelbliche Rückstand in Dichlormethan gelöst. ACVCl wird in n-Hexan gefällt, abfiltriert und anschließend im Vakuum getrocknet. Das Produkt fällt als farbloser, kristalliner Feststoff an.

Ausbeute: 14,6 g (86 % d. Th.)
Summenformel: $C_{12}H_{14}N_4O_2Cl_2$ MG: 317,17 g·mol^{-1}

Charakterisierung:

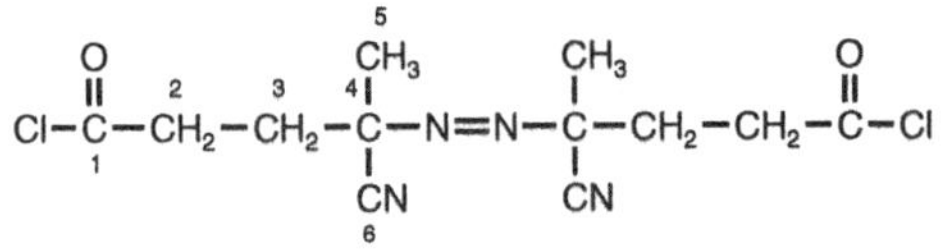

^{1}H-NMR ($CDCl_3$, 300 K), δ in ppm:	1,69, 1,75	2 x s, 2 x 3H, H^5
	2,40 - 2,67	m, 2 x 2H, H^3
	2,90 - 3,25	m, 2 x 2H, H^2

^{13}C-NMR ($CDCl_3$, 300 K), δ in ppm:	24,0	C^5
	33,0	C^2
	42,0	C^3
	71,5	C^4
	117,0	C^6
	172,5	C^1

IR (KBr), $\tilde{\nu}$ in cm^{-1}:	2240	$\tilde{\nu}$(CN)
	1790	$\tilde{\nu}$(COCl)
DSC/TGA:	T_{max}:	125 °C
	T_m:	80-85 °C

6.2.1.2 4,4´-Azobis-(4-cyanovaleriansäureazid)

Synthesevorschrift a):
10,1 g (0,1 mol) Triethylamin in 37 mL Tetrahydrofuran werden zu einer Lösung von 14 g (0,05 mol) 4,4´-Azobis-(4-cyanovaleriansäure) (ACVS) in 100 mL Tetrahydrofuran/Wasser (2:1) innerhalb von 10 min getropft. Die klare Lösung wird auf -10 °C gekühlt und langsam mit einer Lösung von 10,08 g (0,1 mol) Chlorameisensäureethylester in 37 mL Tetrahydrofuran versetzt. Nach 1 h werden innerhalb von 30 min 6,5 g (0,1 mol) Natriumazid, gelöst in 100 mL Wasser, zugegeben. Dabei darf die Temperatur auf 0 °C steigen. Nach 2 h kräftigem Rühren wird die Reaktionsmischung mit der doppelten Menge an Wasser versetzt. Das ausgefallene Produkt wird abfiltriert, in ca. 25 mL Dichlormethan gelöst und über Natriumsulfat getrocknet. Anschließend wird die Lösung filtriert und das Produkt durch Zugabe von n-Hexan aus dem Filtrat gefällt. Das Rohprodukt wird durch Umkristallisieren aus Dichlormethan/n-Hexan gereinigt und anschließend im Vakuum getrocknet. Das Produkt fällt als farbloser, kristalliner Feststoff an.

Ausbeute: 1,4 g (8,5 % d. Th.)
Summenformel: $C_{12}H_{14}N_{10}O_2$ MG: 330,31 g·mol^{-1}

Synthesevorschrift b):
In einem Dreihalskolben werden 20 mL Dimethylformamid auf 0 °C abgekühlt. Anschließend gibt man unter Rühren 3,17 g (0,01 mol) 4,4´-Azobis-(4-cyanovaleriansäurechlorid) (ACVCl) und nach 1 h 1,3 g (0,02 mol) Natriumazid hinzu. Nach 2 h wird die Reaktionsmischung in eiskaltes Wasser gegossen. Der Niederschlag wird abfiltriert und in Dichlormethan gelöst. Anschließend wird die Lösung mit Natriumsulfat getrocknet, filtriert und das Filtrat mit n-Hexan versetzt. Das farblose Produkt wird abfiltriert und im Vakuum bei Raumtemperatur getrocknet.

Ausbeute: 0,87 g (26,3 % d. Th.)

Charakterisierung:

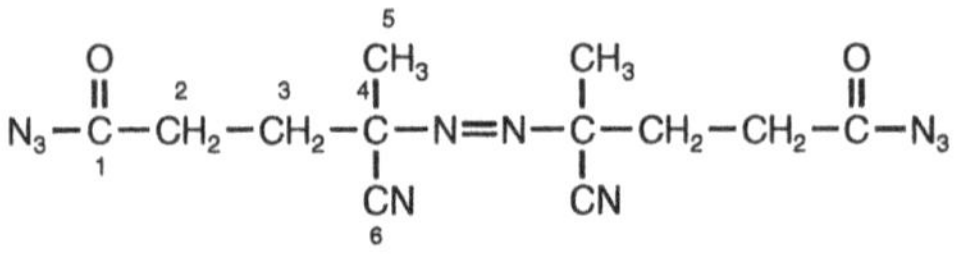

^{1}H-NMR ($CDCl_3$, 300 K), δ in ppm:	1,55, 1,73	2 x s, 2 x 3H, H^5
	2,37 - 2,66	m, 4 x 2H, $H^{2,3}$

^{13}C-NMR ($CDCl_3$, 300 K), δ in ppm:	23,8	C^5
	31,5	C^2
	32,9	C^3
	71,7	C^4
	117,2	C^6
	178,2	C^1

IR (KBr), $\tilde{\nu}$ in cm^{-1}:	2264	$\tilde{\nu}$ (CN)
	2145	$\tilde{\nu}$ (COCl)
	1707	$\tilde{\nu}$ (CON_3)

DSC/TGA:	T_{max}:	119 °C
	T_o:	103 °C

6.2.1.3 3,3´-Azobis-(3-cyanobutanisocyanat) (ACBI)

Synthesevorschrift:
Eine Lösung von 10 g (0,03 mol) 4,4´-Azobis-(4-cyanovaleriansäureazid) in 50 mL Tetrahydrofuran wird unter Rückfluß 2 h auf 50 °C erhitzt. Sobald keine Gasentwicklung mehr beobachtet wird (Blasenzähler), wird auf Raumtemperatur abgekühlt. Die Lösung wird filtriert und das Produkt durch langsame Zugabe von Hexan zum Filtrat gefällt. Das Rohprodukt wird durch Umkristallisieren aus Dichlormethan/n-Hexan gereinigt und anschließend im Vakuum getrocknet. Das Produkt fällt als farbloser, kristalliner Feststoffe an.

Ausbeute: 6,8 g (82,6 % d. Th.)
Summenformel: $C_{12}H_{14}N_6O_2$ MG: 274,28 g·mol^{-1}

Charakterisierung:

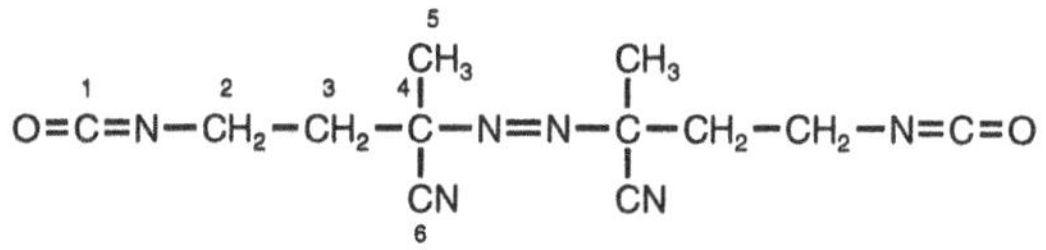

^{1}H-NMR ($CDCl_3$, 300 K), δ in ppm:	1,69, 1,75	2 x s, 2 x 3H, H^5
	2,27 - 2,60	m, 2 x 2H, H^3
	3,44 - 3,67	m, 2 x 2H, H^2
^{13}C-NMR ($CDCl_3$, 300 K), δ in ppm:	24,2	C^5
	38,7	C^2
	39,1	C^3
	71,2	C^4
	117,0	C^6
	122,5	C^1
IR (KBr), $\tilde{\nu}$ in cm^{-1}:	2282	$\tilde{\nu}$(NCO)
DSC/TGA:	T_{max}:	118 °C
	T_0:	105 °C

6.2.2 Modellpolymere

6.2.2.1 Polyamide

A) lineares Polyamid PA1

Synthesevorschrift:
Für die Grenzflächenpolykondensation werden 2,03 g (0,0064 mol) 4,4´-Azobis-(4-cyanovaleriansäurechlorid) (ACVCl) in 30 mL Chloroform gelöst und filtriert. Anschließend wird die Lösung unter Kühlung im Eisbad in 50 mL Wasser dispergiert und eine Lösung aus 0,38 g (0,0064 mol) Ethlyendiamin und 0,51 g (0,0128 mol) Natriumhydroxid in 20 mL Wasser zugetropft. Nach 1 h kräftigem Rühren wird das ausgefallene Polymer abfiltriert. Zur Reinigung wird das Produkt in Dimethylsulfoxid gelöst und in Wasser gefällt. Anschließend wird es bei Raumtemperatur im Vakuum über Phosphorpentoxid getrocknet.

Ausbeute: 1,26 g (65 % d. Th.)

Charakterisierung:

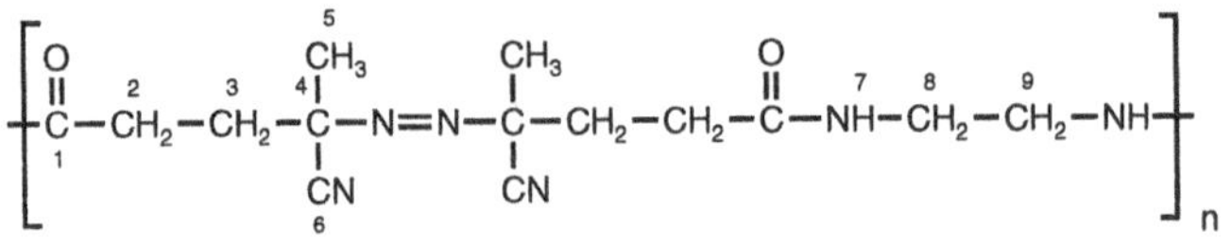

^{1}H-NMR (d_6-DMSO, 300 K), δ in ppm:	1,63, 1,68	2 x s, 2 x 3H, H^5
	2,04 - 2,32	m, 4 x 2H, $H^{2,3}$
	3,02 - 3,13	m, 2 x 2H, $H^{8,9}$
	8,01 - 8,03	m, NH^7

^{13}C-NMR (d_6-DMSO, 300 K), δ in ppm:	22,8, 23,2	C^5
	30,9	C^3
	34,0	C^2
	39,2	$C^{8,9}$
	72,9	C^4
	119,1	C^6

	170,0	C^1
IR (KBr), $\tilde{\nu}$ in cm^{-1}:	3310	$\tilde{\nu}$ (NHCO)
	2242	$\tilde{\nu}$ (CN)
	1653, 1541	$\tilde{\nu}$ (CONH)
DSC/TGA:	T_{max}:	117 °C
	T_o:	93 °C
GPC:	M_n:	9100 $g \cdot mol^{-1}$
	M_w:	13700 $g \cdot mol^{-1}$
	M_w/M_n:	1,5

B) vernetzte Polyamide PA2a-h, PA3a,b

Synthesevorschrift:
Die Synthese von vernetzten Polyamiden erfolgt analog der Synthesevorschrift für lineare Polyamide durch Grenzflächenpolykondensation. Als zweite Säurechloridkomponente wurde Terephthalsäuredichlorid bzw. 1,3,5-Benzoltricarbonsäuretrichlorid eingesetzt, als Aminkomponente diente Diethylentriamin. Aufgrund der Unlöslichkeit muß auf ein Umfällen der Polymere verzichtet werden. Die stöchiometrischen Zusammensetzungen der Edukte sind in Tab. 6.1 zusammengefaßt.

Tab. 6.1: Stöchiometrische Zusammensetzungen der Edukte für Polyamide PA2a-h, Pa3a,b

Polymer	ACVCl	TSDCl	BTCTCl	DETA	NaOH	Ausbeute
PA2a	2,03 g (0,0064 mol)	-	-	0,44 g (0,0043 mol)	0,51 g (0,0128 mol)	2,84 g (75 % d. Th.)
PA2b	1,93 g (0,0061 mol)	0,061 g (0,0003 mol)	-	0,44 g (0,0043 mol)	0,51 g (0,0128 mol)	1,92 g (77 % d. Th.)
PA2c	1,81 g (0,0057 mol)	0,14 g (0,0007 mol)	-	0,44 g (0,0043 mol)	0,51 g (0,0128 mol)	1,98 g (81 % d. Th.)
PA2d	1,73 g (0,0054 mol)	0,2 g (0,001 mol)	-	0,44 g (0,0043 mol)	0,51 g (0,0128 mol)	1,68 g (70 % d. Th.)
PA2e	1,62 g (0,0051 mol)	0,26 g (0,0013 mol)	-	0,44 g (0,0043 mol)	0,51 g (0,0128 mol)	2,0 g (85 % d. Th.)
PA2f	1,52 g (0,0048 mol)	0,32 g (0,0016 mol)	-	0,44 g (0,0043 mol)	0,51 g (0,0128 mol)	1,75 g (76 % d. Th.)
PA2g	1,42 g (0,0045 mol)	0,39 g (0,0019 mol)	-	0,44 g (0,0043 mol)	0,51 g (0,0128 mol)	1,60 g (71 % d. Th.)
PA2h	1,01 g (0,0032 mol)	0,65 g (0,0032 mol)	-	0,44 g (0,0043 mol)	0,51 g (0,0128 mol)	1,54 g (75 % d. Th.)
PA3a	1,62 g (0,0051 mol)	-	0,35 g (0,0013 mol)	0,48 g (0,0047 mol)	0,56 g (0,014 mol)	1,99 g (83 % d. Th.)
PA3b	1,01 g (0,0032 mol)	-	0,85 g (0,0032 mol)	0,55 g (0,0053 mol)	0,64 g (0,016 mol)	1,74 g (80 % d. Th.)

ACVCl: 4,4´-Azobis-(4-cyanovaleriansäurechlorid)
TSDCl: Terephthalsäuredichlorid
BTCTCl: 1,3,5-Benzoltricarbonsäuretrichlorid
DETA: Diethylentriamin

Charakterisierung:

IR (KBr), $\tilde{\nu}$ in cm^{-1}:

3310	$\tilde{\nu}$ (NHCO)
2242	$\tilde{\nu}$ (CN)
1653, 1541	$\tilde{\nu}$ (CONH)

DSC/TGA:

	PA2a	PA2b	PA2c	PA2d	PA2e	PA2f	PA2g	PA2h	PA3a	PA3b
T_{max} in °C	115	113	115	116	117	115	116	116	117	117
T_o in °C	90	90	89	91	90	94	89	93	94	93

6.2.2.1 Polyester

A) linearer Polyester PEa

Synthesevorschrift:
Für die Grenzflächenpolykondensation werden 1,19 g (0,0064 mol) 4,4´-Dihydroxybiphenyl und 0,51 g (0,0128 mol) Natriumhydroxid in 160 mL Wasser gelöst. Anschließend werden 2,03 g (0,0064 mol) 4,4´-Azobis-(4-cyanovaleriansäurechlorid) (ACVCl), gelöst in 40 mL Methylenchlorid, unter heftigem Rühren und Kühlung im Eisbad zugetropft. Nach 1 h Rühren wird das ausgefallene Polymer abfiltriert. Zur Reinigung wird das Produkt in Dimethylformamid gelöst, in Wasser gefällt und anschließend bei Raumtemperatur im Vakuum über Phosphorpentoxid getrocknet.

Ausbeute: 1,84 g (67 % d. Th.)

Charakterisierung:

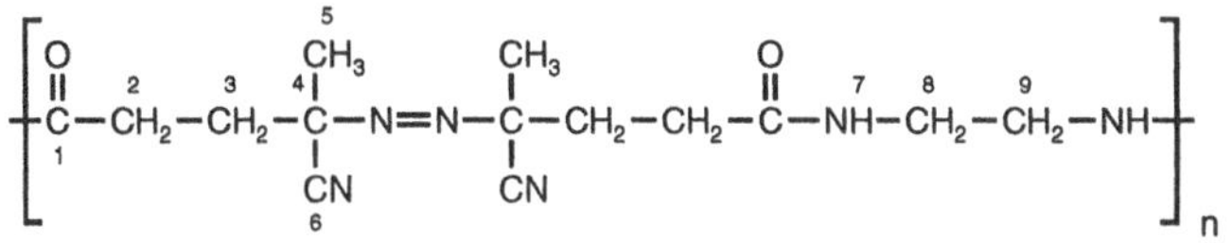

^{1}H-NMR (d_4-DMF 300 K), δ in ppm:	1,80, 1,83	2 x s, 2 x 3H, H^5
	2,65 - 2,93	m, 4 x 2H, $H^{2,3}$
	6,88 - 7,41	m, 2 x 4H, $H^{8,9,11,12}$

^{13}C-NMR (d_4-DMF, 300 K), δ in ppm:	23,3, 23,5	C^5
	32,6	C^2
	35,3	C^3
	72,0	C^4
	170,9	C^6
	122,2	$C^{8,12}$
	127,8	$C^{9,11}$
	137,9	C^{10}
	150,4	C^7
	165,8	C^1

IR (KBr), $\tilde{\nu}$ in cm^{-1}:	2242	$\tilde{\nu}$ (CN)
	1757	$\tilde{\nu}$ (COO)

DSC/TGA:	T_{max}:	117 °C
	T_o:	89 °C

GPC:	M_n:	4200 $g \cdot mol^{-1}$
	M_w:	6100 $g \cdot mol^{-1}$
	M_w/M_n:	1,45

B) vernetzte Polyester PEb-e

Synthesevorschrift:
Die Synthese von vernetzten Polyestern erfolgt analog der Synthesevorschrift für lineare Polyester durch Grenzflächenpolykondensation. Als zweite Säurechloridkomponente wurde 1,3,5-Benzoltricarbonsäuretrichlorid eingesetzt, als Alkoholkomponente diente 4,4´-Dihydroxybiphenyl. Aufgrund der Unlöslichkeit muß auf ein Umfällen der Polymere verzichtet werden.

Tab. 6.2: Stöchiometrische Zusammensetzungen der Edukte für Polyester PEb-e

Polymer	ACVCl	BTCTCl	DHBP	NaOH	Ausbeute
PEb	1,81 g (0,0057 mol)	0,19 g (0,0007 mol)	0,46 g (0,0045 mol)	0,54 g (0,0135 mol)	1,89 g (70 % d. Th.)
PEc	1,62 g (0,0051 mol)	0,35 g (0,0013 mol)	0,48 g (0,0047 mol)	0,56 g (0,0141 mol)	2,03 g (74 % d. Th.)
PEd	1,42 g (0,0045 mol)	0,50 g (0,0019 mol)	0,50 g (0,0049 mol)	0,59 g (0,0147 mol)	1,78 g (69 % d. Th.)
PEe	1,01 g (0,0032 mol)	0,65 g (0,0032 mol)	0,55 g (0,0053 mol)	0,64 g (0,016 mol)	1,71 g (69 % d. Th.)

ACVCl: 4,4´-Azobis-(4-cyanovaleriansäurechlorid)
BTCTCl: 1,3,5-Benzoltricarbonsäuretrichlorid
DHBP: 4,4´-Dihydroxybiphenyl

Charakterisierung:

IR (KBr), $\tilde{\nu}$ in cm^{-1}:	2242	$\tilde{\nu}$(CN)
	1757	$\tilde{\nu}$(COO)

DSC/TGA:

	PEb	PEc	PEd	PEe
T_{max} in °C	118	121	120	122
T_0 in °C	91	91	90	92

6.2.2.1 Polyharnstoff PH

Synthesevorschrift:
Für die Grenzflächenpolykondensation werden 0,32 g (0,0012 mol) 3,3´-Azobis-(3-cyanobutanisocyanat) in 10 mL Chloroform gelöst und filtriert. Die Lösung wird unter Kühlung im Eisbad in 15 mL Wasser dispergiert. Anschließend wird eine Lösung von 0,07 g (0,0012 mol) Ethylendiamin in 5 mL Wasser, die geringe Mengen an Diazabicyclo(2.2.2)octan (DABCO) enthält, zugetropft, 2 h kräftig gerührt und das ausgefallene Polymer abfiltriert. Zur Reinigung wird das Produkt in Dimethylsulfoxid gelöst, filtriert und in Wasser gefällt. Die Trocknung erfolgt bei Raumtemperatur im Vakuum über Phosphorpentoxid.

Ausbeute: 0,32 g (59 % d. Th.)

Charakterisierung:

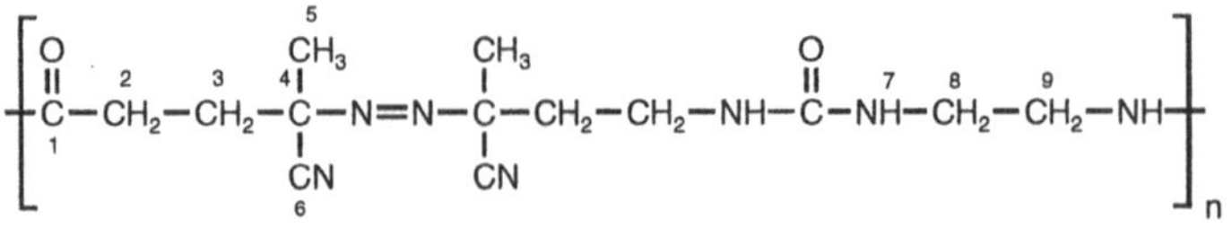

^{1}H-NMR (d_6-DMSO, 300 K), δ in ppm:	1,69, 1,70	2 x s, 2 x 3H, H^5
	2,10 - 2,25	m, 2 x 2H, $H^{7,8}$
	2,90 - 3,20	m, 2 x 2H, H^3
	5,90 - 6,10	m, NH

^{13}C-NMR (d_6-DMSO, 300 K), δ in ppm:	23,7	C^5
	35,2	C^2
	37,9	C^3
	39,5	$C^{8,9}$
	71,1	C^4
	118,6	C^6
	158,2	C^1

IR (KBr), $\tilde{\nu}$ in cm^{-1}:	3362	$\tilde{\nu}$ (NHCO)
	2242	$\tilde{\nu}$ (CN)
	1650, 1559	$\tilde{\nu}$ (CONH)

DSC/TGA:	T_{max}:	114 °C
	T_o:	92 °C

GPC:	M_n:	8050 $g \cdot mol^{-1}$
	M_w:	12900 $g \cdot mol^{-1}$
	M_w/M_n:	1,6

6.2.2.2 Polydiaryldiazosulfid PAS

Synthesevorschrift:
2,48 g (0,01 mol) Bis-(3-aminophenyl)-sulfon werden zusammen mit 18 mL 10 %iger Salzsäure (0,06 mol) in 30 mL Wasser gelöst. Nachdem die Lösung im Eisbad auf 5 °C abgekühlt ist, werden 1,38 g (0,02 mol) Natriumnitrit, gelöst in 10 mL Wasser, zugegeben. Zur Vervollständigung der Diazotierung läßt man noch 20 min rühren. Als Vorlage werden 1,42 g (0,01 mol) 1,3-Benzoldithiol in 100 mL Methylenchlorid gelöst und zusammen mit einer Lösung von 10,9 g (0,08 mol) Natriumacetat in 120 mL Wasser im Eisbad auf 0 °C abgekühlt. Die Diazoniumsalzlösung wird der heftig gerührten Vorlage schnell zugetropft, wobei sich sofort eine gelb gefärbte Suspension bildet. Nach 30 minütigem Rühren werden 100 mL eiskaltes n-Hexan zugegeben, um das gequollene Polymer vollständig auszufällen. Das Produkt wird abfiltriert und mit 200 mL kaltem Wasser und 200 mL kaltem Methanol gewaschen. Das Rohprodukt wird in 200 mL Tetrahydrofuran gelöst, von unlöslichen orange-roten Bestandteilen abfiltriert und in 200 mL n-Hexan gefällt. Anschließend wird das gelbe Polymer filtriert und im Vakuum getrocknet.

Ausbeute: 1,69 g (41 % d. Th.)

Charakterisierung:

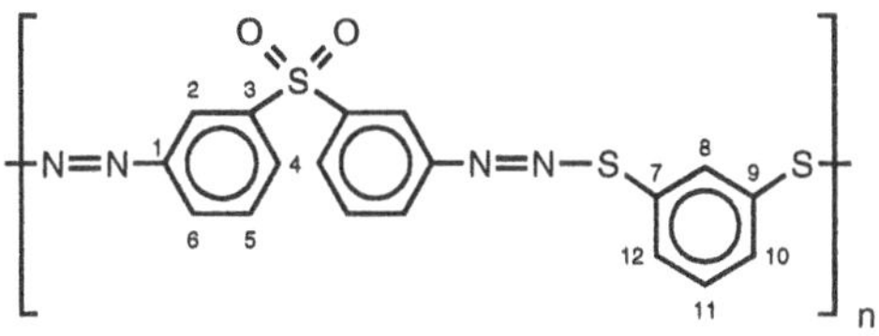

^{1}H-NMR (d_8-THF, 300 K), δ in ppm:	7,48 - 8,12	m, 12H, $H^{2,4,5,6,8,10,11,12}$
^{13}C-NMR (d_8-THF, 300 K), δ in ppm:	122,0, 126,3	
	129,9, 130,2	
	132,4, 131,5, 131,0	$C^{2,4,5,6,8,10,11,12}$
	135,8	$C^{7,9}$
	144,2	C^{3}
	153,0	C^{1}

IR (KBr), $\tilde{\nu}$ in cm^{-1}:	1326, 1304	$\tilde{\nu}$ (SO_2)
DSC/TGA:	T_{max}:	124 °C
	T_o:	108 °C
GPC:	M_n:	3840 $g \cdot mol^{-1}$
	M_w:	5760 $g \cdot mol^{-1}$
	M_w/M_n:	1,5

6.2.3 Synthese der Mikrokapseln

6.2.3.1 Mikrokapseln mit Polyamid- Polyester- und Polyharnstoffhüllwand

Synthesevorschrift:
Die Synthese der Mikrokapseln durch Grenzflächenpolykondensation bzw. -addition wurde nach folgender Standardvorschrift durchgeführt. Generell wurden drei verschiedene Lösungen hergestellt. Die genauen Reaktionsansätze sind anschließend in Tab. 6.3 aufgelistet.

Dispergiervorlage: 2 g Polyvinylalkohol (M_n = 15000 $g \cdot mol^{-1}$, Hydrolysierungsgrad: 86-89 %) werden in 100 mL siedend heißem Wasser gelöst und anschließend wird die Lösung filtriert.

Monomerlösung A: Insgesamt 0,0064 mol Säurechlorid bzw. Isocyanat werden in 30 mL des zu verkapselnden Lösungsmittels bzw. Monomers unter Feuchtigkeitsausschluß gelöst und die Lösung wird anschließend filtriert.
Zur Verkapselung von Farbstoff werden zusätzlich 0,8 g Resohn-Rot gelöst.
Zur Verkapselung von Initiator wurden zusätzlich 0,43 g (0,0026 mol) 2,2´-Azobis(isobutyronitril) (AIBN) gelöst.

Monomerlösung B: Triamin bzw. Diol werden mit Natriumhydroxid in 25 mL Wasser gelöst und die Lösung wird anschließend filtriert.
Zur Synthese von Mikrokapseln mit Polyharnstoffhüllwänden wurde Diazabicyclo(2.2.2)octan (DABCO) zugesetzt.

Im Mikroverkapselungsreaktor werden 65 mL der Dispergiervorlage vorgelegt. Mit Hilfe eines Ultraturraxrührers wird Monomerlösung A bei 24000 $U \cdot min^{-1}$ in der wäßrigen Flotte 1 min lang dispergiert. Der Ultraturraxrührer wird ausgeschaltet und der Ansatz mit einem wandgängigen Ankerrührer bei 450 $U \cdot min^{-1}$ durchmengt. Sofort anschließend wird Monomerlösung B über einen Tropftrichter innerhalb von 30 s zu der Dispersion getropft. Nach 1 h Reaktionszeit wird der Mikroverkapselungsreaktor geöffnet, die Kapseldispersion abgegossen und unter Lichtausschluß aufbewahrt.

Tab. 6.3: Mikrokapselansätze

Ansatz	MONOMERLÖSUNG A			MONOMERLÖSUNG B	
	Kapselinhalt	Monomer 1	Monomer 2	Amin/Diol	NaOH
MK1-PA	Toluol	1,30 g TSDCl (0,0064 mol)	-	0,43 g DETA (0,0042 mol)	0,52 g (0,013 mol)
MK2-PA	1,2-Dichlorbenzol	1,30 g TSDCl (0,0064 mol)	-	0,43 g DETA (0,0042 mol)	0,52 g (0,013 mol)
MK3-PA	Diisopropyl-naphthalin	1,01 g ACVCl (0,0032 mol)	0,65 g TSDCl (0,0032 mol)	0,43 g DETA (0,0042 mol)	0,52 g (0,013 mol)
MK4-PA	1,2-Dichlorbenzol 0,8 g Resohn-Rot	2,03 g ACVCl (0,0064 mol)	-	0,43 g DETA (0,0042 mol)	0,52 g (0,013 mo)l
MK5-PAa	1,2-Dichlorbenzol 0,8 g Resohn-Rot	1,62 g ACVCl (0,0051 mol)	0,26 g TSDCl (0,0013 mol)	0,43 g DETA (0,0042 mol)	0,52 g (0,013 mol)
MK5-PAb	1,2-Dichlorbenzol 0,8 g Resohn-Rot	1,01 g ACVCl (0,0032 mol)	0,65 g TSDCl (0,0032 mol)	0,43 g DETA (0,0042 mol)	0,52 g (0,013 mol)
MK6-PAa	1,2-Dichlorbenzol 0,8 g Resohn-Rot	1,62 g ACVCl (0,0051 mol)	0,34 g BTCTCl (0,0013 mol)	0,48 g DETA (0,0047 mol)	0,56 g (0,014 mol)
MK6-PAb	1,2-Dichlorbenzol 0,8 g Resohn-Rot	1,01 g ACVCl (0,0032 mol)	0,85 g BTCTCl (0,0032 mol)	0,55 g DETA (0,0053 mol)	0,64 g (0,016 mol)
MK6-PAc	1,2-Dichlorbenzol 0,8 g Resohn-Rot	1,39 g ACVCl (0,0044 mol)	0,29 g BTCTCl (0,0011 mol)	0,55 g DETA (0,0053 mol)	0,64 g (0,016 mol)
MK7-PA	Styrol	1,01 g ACVCl (0,0032 mol)	0,65 g TSDCl (0,0032 mol)	0,38 g DETA (0,0037 mol)	0,48 g (0,012 mol)
MK8-PA	4-Chlorstyrol	1,01 g ACVCl (0,0032 mol)	0,65 g TSDCl (0,0032 mol)	0,43 g DETA (0,0042 mol)	0,52 g (0,013 mol)
MK9-PA	n-Butyl-methacrylat	1,01 g ACVCl (0,0032 mol)	0,65 g TSDCl (0,0032 mol)	0,43 g DETA (0,0042 mol)	0,52 g (0,013 mol)
MK10-PA	n-Hexyl-methacrylat	1,01 g ACVCl (0,0032 mol)	0,65 g TSDCl (0,0032 mol)	0,43 g DETA (0,0042 mol)	0,52 g (0,013 mol)
MK11-PA	2-Ethylhexyl-methacrylat	1,01 g ACVCl (0,0032 mol)	0,65 g TSDCl (0,0032 mol)	0,43 g DETA (0,0042 mol)	0,52 g (0,013 mol)
MK12-PA	Cyclohexyl-methacrylat	1,01 g ACVCl (0,0032 mol)	0,65 g TSDCl (0,0032 mol)	0,43 g DETA (0,0042 mol)	0,52 g (0,013 mol)
MK13-PA	Benzyl-methacrylat	1,01 g ACVCl (0,0032 mol)	0,65 g TSDCl (0,0032 mol)	0,43 g DETA (0,0042 mol)	0,52 g (0,013 mol)
MK16-PA	Styrol AIBN	1,01 g ACVCl (0,0032 mol)	0,65 g TSDCl (0,0032 mol)	0,43 g DETA (0,0042 mol)	0,52 g (0,013 mol)
MK1-PE	Styrol	1,01 g ACVCl (0,0032 mol)	0,85 g BTCTCl (0,0032 mol)	1,49 g DHBP (0,008 mol)	0,64 g (0,016 mol)
MK2-PE	4-Chlorstyrol	1,01 g ACVCl (0,0032 mol)	0,85 g BTCTCl (0,0032 mol)	1,49 g DHBP (0,008 mol)	0,64 g (0,016 mol)
MK1-PH	Styrol	1,76 g ACBI (0,0064 mol)	-	0,43 g DETA (0,0042 mol) DABCO	-

ACVCl: 4,4´-Azobis-(4-cyanovaleriansäurechlorid)
ACBI: 3,3´-Azobis-(3-cyanobutanisocyanat)
TSDCl: Terephthalsäuredichlorid
BTCTCl: 1,3,5-Benzoltricarbonsäuretrichlorid
DETA: Diethylentriamin
DHBP: 4,4´-Dihydroxybiphenyl
DABCO: Diazabicyclo(2.2.2)octan
AIBN: 2,2´-Azobis(isobutyronitril)

6.2.3.1 Mikrokapseln mit Polydiaryldiazosulfidhüllwand MK1-PAS

Synthesevorschrift:
Zur Synthese der Mikrokapseln wurden folgende drei verschiedene Lösungen hergestellt:

Dispergiervorlage: 1,6 g Polyvinylalkohol (M_n = 15000 g·mol^{-1}, Hydrolysierungsgrad: 86-89 %) werden in 80 mL siedend heißem Wasser gelöst und anschließend wird die Lösung filtriert. 8,16 g (0,06 mol) Natriumacetat und 0,5 mL (0,0055 mol) konz. Salzsäure werden zugegeben und im Eisbad auf 4 °C gekühlt.

Monomerlösung A: 1,71 g (0,012 mol) 1,3-Benzoldithiol werden in 30 mL 4-Chlorstyrol unter Feuchtigkeitsausschluß gelöst, filtriert und im Eisbad auf 4 °C abgekühlt.

Monomerlösung B: 2,99 g (0,012 mol) Bis-(3-aminophenyl)-sulfon werden in 6,5 mL (0,072 mol) konz. Salzsäure in 40 mL Wasser gelöst. Nachdem die Lösung im Eisbad auf ca. 5 °C abgekühlt ist, tropft man 1,66 g (0,024 mol) Natriumnitrit, gelöst in 10 mL Wasser, hinzu und läßt noch 20 min rühren, um die Diazotierung zu vervollständigen. Unmittelbar vor der Verwendung wird die Diazoniumsalzlösung mit 2,18 g (0,016 mol) Natriumacetat, gelöst in 10 mL eiskaltem Wasser, abgestumpft.

Die Herstellung der Mikrokapseln im Mikroverkapselungsreaktor erfolgte analog der in Kapitel 6.2.3.1 beschriebenen Synthese. Ein Farbumschlag nach gelb nach Zugabe der Monomerlösung B zeigt die unmittelbar einsetzende Kondensationsreaktion an. Die Mikrokapseldispersion wird unter Lichtausschluß aufbewahrt.

6.2.3.2 Inverse Mikrokapseln MK14-PA, MK15-PA

Synthesevorschrift:
Zur Synthese der inversen Mikrokapseln werden folgende drei Lösungen vorbereitet:

Dispergiervorlage: 1,3 g Span 60® werden unter Erwärmung in 40 mL Toluol gelöst und filtriert.

Monomerlösung A: 0,34 g (0,0033 mol) Diethylentriamin werden zusammen mit 0,4 g (0,01 mol) Natriumhydroxid in 15 mL Wasser gelöst. In dieser Lösung werden zusätzlich 3 g zu verkapselndes Monomer (Acrylamid, Methacrylamid) gelöst.

Monomerlösung B: 1,015 g (0,005 mol) Terephthalsäuredichlorid werden in 15 mL Toluol gelöst und filtriert.

Die Herstellung der Mikrokapseln im Mikroverkapselungsreaktor erfolgte analog der in Kapitel 6.2.3.1 beschriebenen Synthese.

6.2.4 Thermolyse

6.2.4.1 Thermolyse der Modellverbindungen in Substanz

Die thermische Beständigkeit der Azoverbindungen und Modellpolymere wurde mittels DSC- und TGA-Messungen ermittelt.

Die *DSC-Messungen* erfolgten in Aluminiumpfännchen mit kleinem Loch (bei der Zersetzung freigesetzter Stickstoff kann entweichen) mit ca. 4 mg Substanz und einer Heizrate von 10 $K{\cdot}min^{-1}$.

Die *TGA-Messungen* erfolgten in offenen Platinpfännchen mit ca. 4 mg Substanz und einer Heizrate von 10 $K{\cdot}min^{-1}$.

6.2.4.2 Thermolyse der Mikrokapseln in Lösung

Zum Nachweis der thermischen Kapselöffnung, wurden Mikrokapseln, die den in 1,2-Dichlorbenzol gelösten Azofarbstoff Resohn-Rot enthielten, in Phthalsäuredibutylester thermolysiert. Hierfür wurden die Mikrokapseln zunächst abzentrifugiert und anschließend ca. 3,4 g des Mikrokapselbreis in 40 mL des bereits temperierten (Wahl der entsprechenden Thermolysetemperatur) Phthalsäuredibutylesters redispergiert. Die Thermolyse begann mit der Zugabe der Mikrokapseln. Zur Untersuchung der Freisetzung des Kapselinhaltes wurden in bestimmten Zeitabständen jeweils 2 mL der Dispersion entnommen, filtriert und die Zunahme der Farbstoffkonzentration im Lösungsmittel mittels UV/VIS-Spektroskopie bei Raumtemperatur ermittelt. Zur Ermittlung der Gesamtkonzentration des Farbstoffes wurde die Dispersion abschließend 24 h auf 120 °C geheizt.

Zum Nachweis der thermolytischen Kapselöffnung unter dem Lichtmikroskop, wurden die in Phthalsäuredibutylester redispergierten Mikrokapseln zwischen zwei Objektträger gebracht und auf einem Heiztisch ca. 10 s bei 100 °C thermolysiert.

6.2.5 Charakterisierung der Mikrokapseln

6.2.5.1 Dichtemessungen

Zur Bestimmung der Dichte der Mikrokapseln mit Hilfe eines Kapillardensitometers wurde ca. 1 mL der unverdünnten Kapseldispersion in ein U-förmiges Glasrohr gespritzt und dieses durch ein elektromechanisches Erregersystem zu Schwingungen angeregt. Aus der Schwingungsdauer T des schwingenden Körpers kann die jeweilige Dichte berechnet werden. Jede Mikrokapseldispersion wurde dreimal vermessen. Die Messungen wurden bei 25 °C durchgeführt.
Die Bestimmung der Apparatekonstante A erfolgte mit Hilfe von Chloroform und Wasser nach Gl. 6.1 berechnet.

$$A = \frac{T_{CHCl_3}{}^2 - T_{H_2O}{}^2}{\rho_{CHCl_3} - \rho_{H_2O}} \qquad \text{Gl. 6.1}$$

ρ_{CHCl_3} = 1,47940 g·cm^{-3} (25 °C)
ρ_{H_2O} = 0,99705 g·cm^{-3} (25 °C)

6.2.5.2 Lasergranulometrie

Die Bestimmung der Mikrokapselgrößen bzw. -größenverteilungen erfolgte mit Hilfe eines Lasergranulometers. Hierfür wurden einige Tropfen der unverdünnten Mikrokapseldispersion in einen mit Wasser gefüllten Vorratsbehälter gegeben. Die Konzentration sollte in einem für das Gerät spezifischen Konzentrationsbereich liegen. Vor jeder Messung wurden die Mikrokapseln mit Hilfe einer geräteinternen Ultraschallsonde 60 s einer Ultraschallbehandlung unterzogen. Die Messung der Partikelgrößenverteilung erfolgte standardmäßig mit laseroptischen Methoden bei Raumtemperatur im Bereich von 0,1 µm bis 60 µm.

6.2.6 Herstellung der Schlicker

Die Herstellung der Schlicker erfolgte nach folgender Standardvorschrift. Die genaueren Ansätze sind in Tab. 6.4 zusammengefaßt.

Vorschrift:
Aus α-Aluminiumoxid und Wasser wird mit Hilfe eines Propellerrührers eine Suspension hergestellt. Nachdem etwa die Hälfte des Pulvers zugegeben wurde und die Viskosität stark angestiegen ist, wird eine 45 Gew.-%ige wäßrige Lösung der Polyacrylsäure mit dem Handelsnamen Sokalan PA15 zugetropft. Die Suspension wird 2 h auf dem Magnetührer gerührt und anschließend mit der Mikrokapseldispersion bzw. der Wachsemulsion versetzt. Nach ca. 15 h Rühren unter Lichtausschluß, kann der Schlicker vergossen werden.

Tab. 6.4: Schlickeransätze

Ansatz	α-Al_2O_3	D6	Mikrokapseldispersion			Wachs-emulsion	H_2O
S1	200 g	4,4 g	MK7-PA-Styrol	41 Gew.-%ig	2,4 g	-	81,9 g
S2	200 g	4,4 g	MK7-PA-Styrol	41 Gew.-%ig	2,4 g	2,5 g	80,4 g
S3	200 g	4,4 g	MK7-PA-Styrol	41 Gew.-%ig	4,8 g	-	80,6 g
S4	200 g	4,4 g	MK7-PA-Styrol	41 Gew.-%ig	4,8 g	5,0 g	77,6 g
S5	560 g	12,4 g	MK7-PA-Styrol	41 Gew.-%ig	27,3 g	-	217,7 g
S6	200 g	4,4 g	MK7-PA-Styrol	41 Gew.-%ig	9,7 g	10,0 g	71,8 g
S7	200 g	4,4 g	MK7-PA-Styrol	41 Gew.-%ig	14,6 g	-	73,9 g
S8	200 g	4,4 g	MK7-PA-Styrol	41 Gew.-%ig	14,6 g	15,0 g	64,9 g
S9	200 g	4,4 g	MK16-PA-Styrol/AIBN	41 Gew.-%ig	9,7 g	-	77,7 g
S10	200 g	4,4 g	MK8-PA-4-Chlorstyrol	45 Gew.-%ig	2,2 g	-	81,9 g
S11	200 g	4,4 g	MK8-PA-4-Chlorstyrol	45 Gew.-%ig	2,2 g	2,5 g	80,4 g
S12	200 g	4,4 g	MK8-PA-4-Chlorstyrol	45 Gew.-%ig	4,4 g	-	80,6 g
S13	200 g	4,4 g	MK8-PA-4-Chlorstyrol	45 Gew.-%ig	4,4 g	5,0 g	77,6 g
S14	560 g	12,4 g	MK8-PA-4-Chlorstyrol	45 Gew.-%ig	24,9 g	-	217,8 g
S15	200 g	4,4 g	MK8-PA-4-Chlorstyrol	45 Gew.-%ig	8,9 g	10,0 g	71,8 g
S16	200 g	4,4 g	MK8-PA-4-Chlorstyrol	45 Gew.-%ig	13,3 g	-	74,7 g
S17	200 g	4,4 g	MK8-PA-4-Chlorstyrol	45 Gew.-%ig	13,3 g	15,0 g	65,7 g
S18	200 g	4,4 g	MK13-PA-Benzylmethacrylat	43 Gew.-%ig	2,3 g	-	82,0 g
S19	200 g	4,4 g	MK13-PA-Benzylmethacrylat	43 Gew.-%ig	2,3 g	2,5 g	80,5 g
S20	200 g	4,4 g	MK13-PA-Benzylmethacrylat	43 Gew.-%ig	4,6 g	-	80,7 g
S21	200 g	4,4 g	MK13-PA-Benzylmethacrylat	43 Gew.-%ig	4,6 g	5,0 g	77,7 g
S22	560 g	12,4 g	MK13-PA-Benzylmethacrylat	43 Gew.-%ig	26,0 g	-	218,4 g
S23	200 g	4,4 g	MK13-PA-Benzylmethacrylat	43 Gew.-%ig	9,3 g	10,0 g	72,0 g
S24	200 g	4,4 g	MK13-PA-Benzylmethacrylat	43 Gew.-%ig	13,9 g	-	75,4 g
S25	200 g	4,4 g	MK13-PA-Benzylmethacrylat	43 Gew.-%ig	13,9 g	15,0 g	66,4 g
S26	200 g	4,4 g	MK2-PE-4-Chlorstyrol	45 Gew.-%ig	2,2 g	-	81,9 g
S27	200 g	4,4 g	MK2-PE-4-Chlorstyrol	45 Gew.-%ig	2,2 g	2,5 g	80,4 g
S28	200 g	4,4 g	MK2-PE-4-Chlorstyrol	45 Gew.-%ig	4,4 g	-	80,6 g
S29	200 g	4,4 g	MK2-PE-4-Chlorstyrol	45 Gew.-%ig	4,4 g	5,0 g	77,6 g
S30	560 g	12,4 g	MK2-PE-4-Chlorstyrol	45 Gew.-%ig	24,9 g	-	217,8 g
S31	200 g	4,4 g	MK2-PE-4-Chlorstyrol	45 Gew.-%ig	8,9 g	10,0 g	71,8 g
S32	200 g	4,4 g	MK2-PE-4-Chlorstyrol	45 Gew.-%ig	13,3 g	-	74,7 g
S33	200 g	4,4 g	MK2-PE-4-Chlorstyrol	45 Gew.-%ig	13,3 g	15,0 g	65,7 g
S34	200 g	4,4 g	-	-	-	-	83,3

D6: Polyacrylsäure, 45 Gew.-%ig
Wachsemulsion: 40 Gew.-%ig

6.2.7 Charakterisierung der Schlicker

6.2.7.1 Lasergranulometrie

Die Bestimmung der Teilchengrößenverteilung der Schlicker erfolgt analog den Mikrokapseln mit Hilfe eines Lasergranulometers. Die Schlicker wurden jeweils mit und ohne vorherige Ultraschallbehandlung (120 s) vermessen.

6.2.7.2 Rheologie

Das rheologische Verhalten der Schlicker wurde mit Hilfe eines Rotationsviskosimeters drehzahlabhängig bei Raumtemperatur untersucht. Dazu wurde ein zylinderförmiger Rotor in einen mit Schlicker gefüllten Behälter getaucht. Zur Aufnahme der Kurven wurde die Drehzahl mit einer Geschwindigkeit von 100 $U \cdot min^{-1}$ auf 1000 $U \cdot min^{-1}$ gesteigert und anschließend im gleichen Zeitraum wieder auf Null reduziert.

6.2.7.3 Elektrokinetische Schallanalyse

Für die Elektrokinetische Schallanalyse wurde ein Schlicker mit 20 Gew.-% Feststoffanteil hergestellt:

- 80 g α-Aluminiumoxid
- 320 g Wasser

Zu diesem Schlicker wurden während der Messung bei Raumtemperatur über eine Bürette 4 mL der unverdünnten Mikrokapseldispersion getropft (0,05 mL in 30 Sekundenabständen) und das ESA-Signal, die Leitfähigkeit, der pH-Wert und die Temperatur in Abhängigkeit von der Konzentrationsänderung detektiert.

6.2.8 Herstellung und Charakterisierung der Formkörper

Alle verwendeten Gipsformen wurden vor der Verwendung 48 h bei 30 °C und 69 % relativer Luftfeuchtigkeit in einem Klimaschrank gelagert.
Mit Hilfe dieser Gipsformen wurden nach dem Schlickergußverfahren Becher und Stäbchen mit folgenden Maßen hergestellt:

- *Becher*: Höhe: 70 mm, Durchmesser: 40 mm
- *Stäbchen*: 15 x 15 x 150 mm

Die Herstellung der Becher erfolgte nach dem Hohlgußverfahren. Dazu wurde der Schlicker nach bestimmten Zeitabständen wieder aus der Form ausgegossen. Die Standzeiten für Gießschlicker mit Binderanteil betrugen 5 min, 10 min und 15 min, die Standzeiten für Schlicker ohne Binderzusatz betrugen 4 min, 9 min und 16 min. Die Herstellung der stäbchenförmigen Grünkörper erfolgte nach dem Vollgußverfahren. Dabei wird so lange Schlicker nachgegossen, bis sich der Schlickerpegel in der Gießöffnung nicht mehr verändert. Die Gießvorgänge wurden bei Raumtemperatur durchgeführt. Nach dem Gießprozeß wurden die Formkörper noch 24 h in der Form belassen, anschließend entformt und bei Raumtemperatur getrocknet.
Die *Scherbenbildung* wurde durch Messen der Wanddicke der Becher mit Hilfe einer Schiebelehre bestimmt.

Zur Bestimmung der *Gründichte*, wurden die Stäbchen mit einer Diamantdrahtsäge zugeschnitten, die genauen Abmessungen bestimmt und anschließend gewogen.

Für die *thermische Aktivierung* des Bindersystems wurden die Formkörper 15 h bei 100 °C in einem Trockenschrank gelagert.

Die Festigkeit der thermisch behandelten Probekörper wurde anhand eines *4-Punkt-Biegebruchversuches* bestimmt.

7 Literaturverzeichnis

[1] B. K. Green, L. Schleicher, U.S. Pat. 2800457 (1953), U.S. Pat. 2800458 (1953), Nat. Cash Register Co. , *Chem. Abstr.* **51**, 15842d (1957).

[2] O. Nuyken, J. Dauth, W. Pekruhn, *Angew. Makromol. Chem.* **190**, 81 (1991).

[3] O. Nuyken, J. Dauth, W. Pekruhn, *Angew. Makromol. Chem.* **187**, 207 (1991).

[4] O. Nuyken, J. Stebani, A. Lang, *Vysokomol. Soedin.* **35**, 1883 (1993); Engl. Transl.: *Polym Sci. USSR* **35**, 1590 (1993).

[5] J. Dauth, Diplomarbeit, Universität Bayreuth 1989.

[6] J. Dauth, Dissertation, Universität Bayreuth 1991.

[7] J. Stebani, Diplomarbeit, Universität Bayreuth 1991.

[8] A. Lang, Diplomarbeit, Universität Bayreuth 1992.

[9] A. Lang, Dissertation, Technische Universität München 1995.

[10] H. Ander, Diplomarbeit, Universität Bayreuth 1993.

[11] F. Aldinger, W. D. G. Böcker, *Keramische Zeitschrift* **44**, 164 (1992).

[12] F. Aldinger, W. D. G. Böcker, *Keramische Zeitschrift* **44**, 236 (1992).

[13] C. S. Sheppard, in *„Encyclopedia of Polymer Science and Engineering"*, Bd. 2, 2. Aufl., Wiley & Sons, New York 1985, 143.

[14] H. Bock, *Angew. Chem.* **11**, 469 (1965).

[15] R. Rys, H. Zollinger, *„Leitfaden der Farbstoffchemie"*, 2. Aufl., Verlag Chemie, Weinheim 1976.

[16] E. Müller, in *„Methoden der organischen Chemie (Houben Weyl)"*, Bd. 14/2, 4. Aufl., Thieme Verlag, Stuttgart 1963, 790.

[17] E. Benzing, *Liebigs Ann. Chem.* **631**, 1 (1960).

[18] F. M. Lewis, M. S. Matheson, *J. Am. Chem. Soc.* **71**, 747 (1949).

[19] C. G. Overberger, M. T. O'Shaugnessy, H. Shalit, *J. Am. Chem. Soc.* **71**, 2661 (1949).

[20] O. Nuyken, J. Dauth, J. Stebani, *Angew. Makromol. Chem.* **207**, 65 (1993).

[21] O. Nuyken, J. Stebani, A. Lang, *Angew. Makromol. Chem.* **226**, 143 (1995).

[22] O. Nuyken, J. Dauth, J. Stebani, *Angew. Makromol. Chem.* **207**, 81 (1993).

[23] O. Nuyken, R. Weidner, in *„Advances in Polymer Science"*, 73/74, Springer-Verlag, Berlin 1986, 147.

[24] C. Oppenheimer, W. Heitz, *Angew. Makromol. Chem.* **98**, 167 (1981).

[25] R. Walz, B. Bömer, W. Heitz, *Makromol. Chem.* **178**, 2527 (1977).

[26] R. Walz, W. Heitz, *J. Polym. Sci., Polym. Chem. Ed.* **16**, 1807 (1978).

[27] S.-K. Ko, Dissertation, Technische Universität München 1998.

[28] O. Nuyken, C. Scherer, A. Baindl, A. R. Brenner, U. Dahn, R. Gärtner, S. Kaiser-Röhrich, R. Kollefrath, P. Matusche, B. Voit, *Prog. Polym Sci.* **22**, 93 (1997).
[29] W. Sliwka, *Angew. Chem.* **87**, 556 (1975).
[30] D. F. Müller, *Verfahrenstechnik* **6**, 409 (1972).
[31] W. Sliwka, in „*Encyklopädie der technischen Chemie*", Bd. 16, 4. Aufl., Verlag Chemie, Weinheim 1978, 675.
[32] R. Arshady, *J. Microencapsulation* **9**, 187 (1992).
[33] J. Kreuter, *Pharmaceutica Acta Helvetiae* **53**, 33 (1978).
[34] R. Arshady, *J. Microencapsulation* **10**, 413 (1993).
[35] C. Thies, in „*Encyclopedia of Polymer Science and Engineering*", Bd. 9, 2. Aufl., Wiley & Sons, New York 1985, 724.
[36] K. Masters, „Spray Drying Handbook", Wiley & Sons, New York 1979.
[37] D. E. Wurster, *J. Am. Pharm. Assoc. Sci. Ed.* **48**, 451 (1959).
[38] H. R. Kruyt, H. G. Bungenberg de Jong, *Kolloid-Z.* **50**, 39 (1930).
[39] R. Arshady, *J. Microencapsulation* **6**, 1 (1989).
[40] R. Arshady, *J. Microencapsulation* **6**, 13 (1989).
[41] N. Muramatsu, K. Shiga, T. Kondo, *J. Microencapsulation* **11**, 171 (1994).
[42] N. Muramatsu, T. Kondo, *J. Microencapsulation* **12**, 129 (1995).
[43] K. Embil, S. Nacht, *J. Microencapsulation* **13**, 575 (1996).
[44] S. Omi, *Advanced Polymeric Materials* , 4355 (1996).
[45] T. M. S. Chang, *Chemtech* **5**, 80 (1975).
[46] T. A. Ring, „*Fundamentals of Ceramic Powder Processing and Synthesis*", Academic Press, INC. 1996, 609.
[47] E. Carlström, in „*Surface and Colloid Chemistry in Advanced Ceramics Processing*", Marcel Dekker, New York 1994, 1.
[48] F. J. Esper, in „*Keramik, Werkstoffe und Bauelemente der Elektrotechnik*", B. G.Teubner, Stuttgart 1994, 105.
[49] W. Schatt, „*Pulvermetallurgie Sinter- und Verbundwerkstoffe*", 3. Aufl., Hüthig Verlag, Heidelberg 1988, 146.
[50] H. Salmang, H. Scholze, „Keramik Teil 2", Springer Verlag, Heidelberg 1983, 42.
[51] T. Betz, J. Lehmann, G. Ziegler, *Fachberichte DKG* **74**, 101 (1997).
[52] T. Betz, W. Rieß, J. Lehmann, G. Ziegler, *Fachberichte DKG* **74**, 152 (1997).
[53] H. Schubert, *Sprechsaal* **123**, 74 (1990).
[54] J. Böhnlein-Mauß, W. Sigmund, G. Wegner, W. H. Meyer, F. Heßel, K. Seitz, A. Roosen, *Adv. Mater.* **2**, 73 (1992).
[55] W. R. Cannon, R. Becker, K. R. Mikeska, *Adv. Ceram.* **26**, 525 (1989).
[56] E. P. McNamara, J. E. Comeforo, *J. Am. Ceram. Soc.* **28**, 25 (1945).

[57] R. Moreno, *Laboratory Report* **71**, 1647 (1992).
[58] A. Wild, *Am. Ceram. Soc. Bull.* **42**, 368 (1954).
[59] K. Nagata, *J. Ceram. Soc. Int. Ed.* **100**, 1251 (1992).
[60] K. Nagata, *J. Ceram. Soc., Int. Ed.* **101**, 822 (1993).
[61] A. Roosen, *Ceram. Trans.* **1**, 675 (1988).
[62] J. B. Kayes, *J. Colloid Int. Sci.* **56**, 426 (1976).
[63] E. Alston, *Trans. Brit. Ceram. Soc.* **74**, 279 (1975).
[64] R. M. Haines, W. A. Waters, *J. Chem. Soc.* **4256**, 4258 (1955).
[65] C. G. Overberger, M. B. Berenbaum, *J. Am. Chem. Soc.* **73**, 4883 (1951).
[66] D. A. Smith, *Makromol. Chem.* **103**, 301 (1967).
[67] D. E. Horning, J. M. Muchowski, *Can. J. Chem.* **45**, 1247 (1967).
[68] D. Braun, H. Cherdron, W. Kern, „*Praktikum der makromolekularen Chemie*", 3. Aufl., Hüthig Verlag, Heidelberg 1979, 245.
[69] H. G. Elias, „*Makromoleküle*", 4. Aufl., Hüthig Verlag, Basel 1981, 255.
[70] B. Vollmert, „*Grundriß der Makromolekularen Chemie*", Bd. 2, Vollmert Verlag, Karlsruhe 1988.
[71] P. W. Morgan, „*Condensation Polymers: by Interfacial and Solution Methods*", Springer Verlag, Berlin 1980, 32.
[72] W. C. Carothers, *Trans. Faraday Soc.* **32**, 39 (1936).
[73] L. J. J. M. Janssen, K. te Nijenhuis, *J. Membran Sci.* **65**, 59 (1992).
[74] L. J. J. M. Janssen, K. te Nijenhuis, *J. Membran Sci.* **65**, 69 (1992).
[75] M. Koishi, N. Fukuhara, T. Kondo, *Chem. Pharm. Bull.* **17**, 804 (1969).
[76] K. Takamura, M. Koishi, T. Kondo, *Kolloid-Z. u. Z. Polym.* **248**, 929 (1971).
[77] Y. Shigeri, M. Koishi, T. Kondo, M. Shiba, S. Tomioka, *Kolloid-Z. u. Z. Polymere* **249**, 1051 (1971).
[78] S. Alexandridou, C. Kiparissides, *J. Microencapsulation* **11**, 603 (1994).
[79] N. Yan, M. Zhang, P. Ni, *J. Microencapsulation* **11**, 365 (1994).
[80] F. C. Strong, *Anal. Chem.* **24**, 338 (1952).
[81] G. Henning, E. Hieke, *Z. Anal. Chem.* **265**, 97 (1973).
[82] W. Billig-Peters, Dissertation, Universität Bayreuth 1991.
[83] R. H. Müller, R. Schuhmann, „*Teilchengrößenbestimmung in der Laborpraxis*", Wissenschaftliche Verlagsgesellschaft mbH 1996, 55.
[84] M. J. Groves, „*Partikel Size Analysis*", Heyden & Son Ltd., New York 1978, 89.
[85] C. Thomas, D. Fairhurst, *International Labmate* **25**, 25 (1990).
[86] M. Born, „*Optik*", 3. Aufl., Springer Verlag, Berlin 1985.
[87] E. G. Chatzi, C. J. Boutris, C. Kiparissides, *Ind. Eng. Res.* **30**, 1307 (1991).
[88] E. G. Chatzi, C. Kiparissides, *Chem. Eng. Sci.* **47**, 445 (1992).
[89] E. Krause, I. Berger, T. Paul, W. Schulle, „*Technologie der Keramik*", Bd. 2, VEB Verlag für Bauwesen, Berlin 1988, 128.

[90] Merkblatt der Fa. Alcoa.

[91] J. Cesarano, I. A. Aksay, A. Bleyer, *J. Am. Ceram. Soc.* **71**, 250 (1988).

[92] B. Vincent, *Adv. Colloid Intervace Sci.* **4**, 193 (1974).

[93] Y. Hirata, J. Kamikakimoto, A. Nishimoto, Y. Ishihara, *J. Ceram. Soc. of Japan, Int. Ed.* **100**, 8 (1991).

[94] J. Cesarano, I. A. Aksay, *J. Am. Ceram. Soc.* **71**, 1062 (1988).

[95] R. H. Müller, *„Zetapotential und Partikelladung in der Laborpraxis“*, Bd. 37, Wissenschaftliche Verlagsgesellschaft mbH, Stuttgart 1996, 17.

[96] D. Myers, *„Surfaces, Interfaces and colloids Principles and Applications“*, VCH Verlagsgesellschaft mbH, Stuttgart 1991, 69.

[97] Stefan Huber, Dissertation, Universität Regensburg 1997.

[98] Udo Welzel, Diplomarbeit, Universität Bayreuth 1998.

[99] B. Ryu, M. Takahashi, S. Suzuki, *J. Ceram. Soc. of Japan, Int. Ed.* **101**, 626 (1993).

[100] U. Hofmann, A. Weiss, R. Fahn, *Kolloid-Z.* **151**, 97 (1957).

[101] G. W. Scherer, *J. Am. Ceram. Soc.* **73**, 3 (1990).

[102] F. M. Tiller, C. D. Tsai, *J. Am. Ceram. Soc.* **69**, 882 (1986).

[103] W. Rieß, persönliche Mitteilung.

[104] D. R. Askeland, *„Materialwissenschaften“*, Spektrum Akademischer Verlag, Heidelberg 1996, 134.

[105] K. Barting, P. Hauptmann, *„Prüfung hochpolymerer Werkstoffe“*, Carl Hauser Verlag, München 1977, 118.

8 Anhang

8.1 Abkürzungsverzeichnis

ACVCl	4,4´-Azobis-(4-cyanovaleriansäure)
ACBI	3,3´-Azobis-(3-cyanobutanisocyanat)
AIBN	2,2´-Azobis(isobutyronitril)
BTCTCl	1,3,5-Benzoltricarbonsäuretrichlorid
δ	chemische Verschiebung
D6	Polyacrylsäure
DABCO	Diazabicyclo(2.2.2)octan
DETA	Diethylentriamin
DHBP	4,4´-Dihydroxybiphenyl
DMF	Dimethylformamid
DMSO	Dimethylsulfoxid
d. Th.	der Theorie
DSC	Differential Scanning Calorimetry
Gew.-%	Gewichtsprozent
GPC	Gelpermeationschromatographie
IR	Infrarot
Laser	engl.: Light Amplification by Stimulated Emission of Radiation
M_n	Zahlenmittel der Molmasse
M_w	Gewichtsmittel der Molmasse
M_w/M_n	Polydispersitätsindex
MK	Mikrokapsel
Mol-%	Molprozent
NMR	engl. für Kernresonanzspektroskopie
PA	Polyamid
PAS	Polydiaryldiazosulfid
PE	Polyester
PH	Polyharnstoff
ppm	parts per million
T_o	Onset-Temperatur
T_{max}	Zersetzungsmaximum
TGA	Thermogravimetrische Analyse
TMS	Tetramethylsilan
TSDCl	Terephthalsäuredichlorid
n	Valenzschwingung (IR-Spektroskopie)
UV	Ultra Violett
VIS	engl. für: sichtbar

8.2 Übersicht der synthetisierten Mikrokapseln

Tab. 8.1: Mikrokapselansätze

Ansatz	Monomer(e) A	Monomer B	Azogeh. in Gew.%	Kapselinhalt	Dispergierm. in Gew.%	Turrax. in $Umin^{-1}$
MK1-PA	TSDCl	DETA	0	Toluol	variiert (PVA)	variiert
MK1-PAa	TSDCl	DETA	0	Toluol	2,0 (PVA)	8000
MK1-PAb	TSDCl	DETA	0	Toluol	2,0 (PVA)	9500
MK1-PAc	TSDCl	DETA	0	Toluol	2,0 (PVA)	13500
MK1-PAd	TSDCl	DETA	0	Toluol	2,0 (PVA)	20000
MK1-PAe	TSDCl	DETA	0	Toluol	2,0 (PVA)	24000
MK1-PAf	TSDCl	DETA	0	Toluol	0,1 (PVA)	24000
MK1-PAg	TSDCl	DETA	0	Toluol	0,5 (PVA)	24000
MK1-PAh	TSDCl	DETA	0	Toluol	1,0 (PVA)	24000
MK1-PAj	TSDCl	DETA	0	Toluol	4,0 (PVA)	24000
MK2-PA	TSDCl	DETA	0	1,2-Dichlorbenzol	2,0 (PVA)	24000
MK3-PA	ACVCl/TSDCl	DETA	0	Diisopropylnaphthalin	2,0 (PVA)	24000
MK4-PA	ACVCl	DETA	100	1,2-Dichlorbenzol/Resohn-Rot	2,0 (PVA)	24000
MK5-PAa	ACVCl/TSDCl	DETA	86	1,2-Dichlorbenzol/Resohn-Rot	2,0 (PVA)	24000
MK5-PAb	ACVCl/TSDCl	DETA	61	1,2-Dichlorbenzol/Resohn-Rot	2,0 (PVA)	24000
MK6-PAa	ACVCl/BTCTCl	DETA	83	1,2-Dichlorbenzol/Resohn-Rot	2,0 (PVA)	24000
MK6-PAb	ACVCl/BTCTCl	DETA	54	1,2-Dichlorbenzol/Resohn-Rot	2,0 (PVA)	24000
MK7-PA	ACVCl/TSDCl	DETA	61	Styrol	2,0 (PVA)	24000
MK8-PA	ACVCl/TSDCl	DETA	61	4-Chlorstyrol	2,0 (PVA)	24000
MK9-PA	ACVCl/TSDCl	DETA	61	n-Butylmethacrylat	2,0 (PVA)	24000
MK10-PA	ACVCl/TSDCl	DETA	61	n-Hexylmethacrylat	2,0 (PVA)	24000
MK11-PA	ACVCl/TSDCl	DETA	61	2-Ethylhexylmethacrylat	2,0 (PVA)	24000
MK12-PA	ACVCl/TSDCl	DETA	61	Cyclohexylmethacrylat	2,0 (PVA)	24000
MK13-PA	ACVCl/TSDCl	DETA	61	Benzylmethacrylat	2,0 (PVA)	24000
MK14-PA	TSDCl	DETA	0	Acrylamid/H_2O	2,0 (Span 60®)	24000
MK15-PA	TSDCl	DETA	0	Methacrylamid/H_2O	2,0 (Span 60®)	24000
MK16-PA	ACVCl/TSDCl	DETA	61	Styrol/AIBN	2,0 (PVA)	24000
MK1-PE	ACVCl/BTCTCl	DHBP	54	Styrol	2,0 (PVA)	24000
MK2-PE	ACVCl/BTCTCl	DHBP	54	4-Chlorstyrol	2,0 (PVA)	24000
MK1-PH	ACBI	DETA	100	Styrol	2,0 (PVA)	24000
MK1-PAS	1,3-Benzol-dithiol	Bis(3-amino-phenyl)-sulfon	100	Styrol	2,0 (PVA)	24000

ACVCl: 4,4´-Azobis-(4-cyanovaleriansäurechlorid)
ACBI: 3,3´-Azobis-(3-cyanobutanisocyanat)
TSDCl: Terephthalsäuredichlorid
BTCTCl: 1,3,5-Benzoltricarbonsäuretrichlorid

DETA: Diethylentriamin
DHBP: 4,4´-Dihydroxybiphenyl
AIBN: 2,2´-Azobis(isobutyronitril)
PVA: Polyvinylalkohol

8.3 Übersicht der hergestellten Schlicker

Tab. 8.2: Schlickeransätze

Ansatz	Mikrokapseln	MK	Wachsemulsion	Formkörper	Gründichte	
		in Gew.%	in Gew.%		in gcm^{-3}	in % d. th. Dichte
S1	MK7-PA	0,5	-	Stäbchen	2,38	60,1
S2	MK7-PA	0,5	0,5	Stäbchen	2,39	60,4
S3	MK7-PAI	1,0	-	Stäbchen	2,41	60,9
S4	MK7-PA	1,0	1,0	Stäbchen	2,41	60,9
S5	MK7-PA	2,0	-	Stäbchen/Becher	2,41	60,9
S6	MK7-PA	2,0	2,0	Stäbchen	2,38	60,1
S7	MK7-PA	3,0	-	Stäbchen	2,36	59,6
S8	MK7-PA	3,0	3,0	Stäbchen	2,37	59,8
S9	MK19-PA	2,0	-	Stäbchen	2,38	60,1
S10	MK8-PA	0,5	-	Stäbchen	2,33	58,8
S11	MK8-PA	0,5	0,5	Stäbchen	2,35	59,3
S12	MK8-PA	1,0	-	Stäbchen	2,32	58,6
S13	MK8-PA	1,0	1,0	Stäbchen	2,34	59,1
S14	MK8-PA	2,0	-	Stäbchen/Becher	2,32	58,8
S15	MK8-PA	2,0	2,0	Stäbchen	2,34	59,1
S16	MK8-PA	3,0	-	Stäbchen	2,27	57,3
S17	MK8-PA	3,0	3,0	Stäbchen	2,21	55,8
S18	MK14-PA	0,5	-	Stäbchen	2,38	60,1
S19	MK14-PA	0,5	0,5	Stäbchen	2,37	59,8
S20	MK14-PA	1,0	-	Stäbchen	2,30	58,1
S21	MK14-PA	1,0	1,0	Stäbchen	2,30	58,1
S22	MK14-PA	2,0	-	Stäbchen/Becher	2,32	58,6
S23	MK14-PA	2,0	2,0	Stäbchen	2,30	58,1
S24	MK14-PA	3,0	-	Stäbchen	2,25	56,8
S25	MK14-PA	3,0	3,0	Stäbchen	2,23	56,3
S26	MK2-PE	0,5	-	Stäbchen	2,45	61,9
S27	MK2-PE	0,5	0,5	Stäbchen	2,46	62,1
S28	MK2-PE	1,0	-	Stäbchen	2,46	62,1
S29	MK2-PE	1,0	1,0	Stäbchen	2,47	62,4
S30	MK2-PE	2,0	-	Stäbchen/Becher	2,46	62,2
S31	MK2-PE	2,0	2,0	Stäbchen	2,47	62,4
S32	MK2-PE	3,0	-	Stäbchen	2,40	60,6
S33	MK2-PE	3,0	3,0	Stäbchen	2,41	60,9
S34	-	-	-	Stäbchen/Becher	2,39	60,4

FSC
www.fsc.org
MIX
Papier | Fördert gute Waldnutzung
FSC® C083411

Kolibri 360 GmbH
Ferdinand-Jühlke-Straße 7
99095 Erfurt, Deutschland
produktsicherheit@kolibri360.de